# 犹豫模糊环境的
# 粗糙集理论与应用

张海东 著

北 京
冶 金 工 业 出 版 社
2022

## 内 容 提 要

本书共7章，致力于犹豫模糊集和粗糙集的融合研究，主要内容包括新的犹豫模糊粗糙集及其拓扑性质、双论域上的犹豫模糊粗糙集及其应用、犹豫模糊容差粗糙集模型和多粒度犹豫模糊粗糙集模型与近似约简。

本书可供计算机科学与技术、应用数学和管理科学与工程等专业的高校师生阅读，也可为科研和工程技术人员提供参考。

**图书在版编目(CIP)数据**

犹豫模糊环境的粗糙集理论与应用/张海东著.—北京：冶金工业出版社，2021.9（2022.10重印）

ISBN 978-7-5024-8884-0

Ⅰ.①犹… Ⅱ.①张… Ⅲ.①集论—研究 Ⅳ.①O144

中国版本图书馆CIP数据核字(2021)第159956号

**犹豫模糊环境的粗糙集理论与应用**

**出版发行** 冶金工业出版社　**电　话** (010)64027926
**地　址** 北京市东城区嵩祝院北巷39号　**邮　编** 100009
**网　址** www.mip1953.com　**电子信箱** service@mip1953.com

责任编辑 王 双　美术编辑 吕欣童　版式设计 郑小利
责任校对 石 静　责任印制 禹 蕊
北京虎彩文化传播有限公司印刷
2021年9月第1版，2022年10月第2次印刷
710mm×1000mm 1/16；8.5印张；166千字；130页
**定价 54.00元**

**投稿电话 (010)64027932　投稿信箱 tougao@cnmip.com.cn**
**营销中心电话 (010)64044283**
**冶金工业出版社天猫旗舰店 yjgycbs.tmall.com**
(本书如有印装质量问题，本社营销中心负责退换)

# 前　言

在现实生活中，复杂世界的不确定性表现在多个方面，主要包括含糊性、模糊性、随机性、粗糙性和犹豫性等方面。在实际处理这些不确定性问题时，传统的数学方法已经不再满足要求。基于这种背景，研究者们先后提出了一系列处理不确定性问题的数学理论工具，例如模糊集理论、粗糙集理论、软集理论和最新的犹豫模糊集理论等。犹豫模糊集理论作为最近几年不确定性理论中的热点研究方向已经吸引了许多研究者的注意，并且它在理论和应用这两方面已经产生了许多丰硕的成果。

本书深入研究犹豫模糊集理论，重点探讨犹豫模糊集和粗糙集等不确定性理论的融合，先后提出并研究了一系列新的粗糙集模型，包括新的犹豫模糊粗糙集模型、双论域上的犹豫模糊粗糙集模型、犹豫模糊容差粗糙集模型及其多粒度犹豫模糊粗糙集模型等。这些模型的提出和研究不仅丰富了犹豫模糊集和粗糙集的理论研究，也为实际生活中的决策问题提供了方法和手段。

本书的出版得到了西北民族大学运筹学与控制论创新团队、国家自然科学基金项目（项目号：61966032）、甘肃省自然科学基金项目（项目号：20JR10RA118）以及西北民族大学中央高校基本科研业务费专项资金项目（项目号：31920210025）的资助，在此一并表示感谢。我们还要感谢田双亮教授对本书的大力支持。此外，还要感谢引用参考文献的作者们，是他们为我的写作带来灵感和基础。

本书是作者近年来部分工作的总结和梳理。由于水平有限，本书不足之处，殷切地希望各位同行和读者批评指正。

张海东

2021 年于西北民族大学

# 目　录

# 1 绪　　论

## 1.1 研究背景和现状

在一般模型的推理和计算中，传统的数学工具本质上是普通的、可测的和精确的，而这些特点是太理想化根本不满足我们实际生活的需要。实际上，在经济、工程、环境、社会科学和医学等方面，许多复杂问题涉及的数据都不总是精确的。因为客观世界问题的复杂性、不确定性和信息知识的不完备性，我们用经典的数学方法来处理这些问题是非常困难或者根本是不可能的。在这种背景下，许多不同的数学理论工具已经被引进，其中包括模糊集理论[1]、直觉模糊集理论[2]、犹豫模糊集理论[3]、粗糙集理论[4] 和软集理论[5] 等。这些理论各自都可以作为一种数学工具来处理一些特定的不确定性问题，同时它们又各具特色，具有很强的互补性。在实际应用中，模糊集的隶属度本质上极具个性化，很难用一种方法进行构建；直觉模糊集是模糊集的一种推广形式，它通过隶属度和非隶属度描绘问题的不确定性使获取的知识更加完备；犹豫模糊集也是模糊集的一种推广形式，它在实际应用中通过几个不同的数值来反映决策者进行决策时的犹豫心理；粗糙集是用一对下、上近似的精确概念来刻画元素对集合的不确定性概念。总之，犹豫模糊集理论和粗糙集理论作为不确定性理论中处理决策问题的两种重要理论，它们各自都有着重要的应用背景和研究意义。下面我们将其研究现状分别作一个详细而又全面的介绍。

### 1.1.1 犹豫模糊集

Torra 于 2010 年提出了一种新的模糊集的推广形式——犹豫模糊集 (Hesitant Fuzzy Set)，这为以后进一步研究犹豫模糊环境中的决策问题打开了一种全新的视角。在犹豫模糊集中，一个元素对给定集合的隶属度是 $[0,1]$ 区间上几个可能不同的数值。因为犹豫模糊集中隶属度可能的数值是随机的，所以在一定程度上犹豫模糊集比其他模糊集的推广形式在表示模糊性和含糊性时更加自然。在决策问题中，利用犹豫模糊集的优点主要表现在两方面：一方面，犹豫模糊集与人类的认知过程是紧密相关的。众所周知，由于其他模糊集的推广形式确定的模糊信息的建模是基于单个或区间值启发基础上的，因此当确定元素对给定集合隶属度的时候，这些单个或区间值应该包含和表达了决策者提供的信息。然而在一些情况下，决策者参与的问题可能是一些数值的集合，这样就不能仅仅通过一个单一的术语或一个区间值来表达他们的喜好或评估，相反的，几个可能的数值恰好能表达他们的这种喜好或评估。在这种情况下，隶属度由一些可能数值的集合表示的犹豫模糊集就可以完美地处理这类问题，而其他模糊集的推广形式都是无能为力的。另一方面，犹豫模糊集在实际生活中也是非常普遍的。由于社会经济环境的日益复杂，仅靠单个决策者考虑决策问题中所有相关因素的评估的可能性是越来越少。因此，为了评估备选物得到合理的决策结果，包含有多个决策者的决策机构应用而生，例如某一公司的董事会。因为决策者具有不同的知识背景或利益，他们对所要评估的备选物可能有不同的意见，并且他们彼此互不让步，而连续的结果在这种情况下一般是很难得到的，但是几个可能的数值是相对容易得到的。这类问题就非常适合利用犹豫模糊集来处理，因为犹豫模糊集在这种情形下比其他模糊集的推广形式更具有说服力。例如，假设决策机构被要求提供某个备选物比其他备选物更优越的隶属度，并且决策者是通过 0 和 1 之间的数值来表达他们的喜好。决策机构中有的决策者提供了 0.2，有的决策者提供了 0.6，剩下的决策者提供了 0.8。这三部分团体彼此互不相让，于是某个备选物比其他备选物更优越的隶属度可以通过一个犹豫模糊元 (Hesitant Fuzzy Element)$\{0.2, 0.6, 0.8\}$ 来刻画。注意的是，犹豫模糊元 $\{0.2, 0.6, 0.8\}$ 比普通的数 0.2(或 0.6, 或 0.8)，或者区间值模糊数 $[0.2, 0.8]$，或者直觉模糊数 $(0.2, 0.8)$ 更能客观地描绘上面的情形，因为一个备选物比其他备选物优越的隶属度不是 0.2 和 0.8 的凸组合，也不是 0.2 和 0.8 之间的区间，而恰好就是三个可能的数 0.2, 0.6 和 0.8。如果采用模糊集的其他任意一个推广形式表示决策机构的评估，那么很多有用的信息可能就会丢失，从而导致不合理的决策结果出现。因此，通过犹豫模糊集来描绘这种不确定性评估才是更加合理和有效的。

因为犹豫模糊集比模糊集其他的推广形式更能全面地表达犹豫信息，所以自从它诞生以来，国内外许多学者就掀起了对其研究的热潮。现阶段犹豫模糊集的研究主要集中在各种背景下的集成算子、度量及其模型拓展这 3 个方面：

(1) 从集成算子角度来看，不同的集成技术可用于专家通过犹豫模糊元表达他们评估想法的决策过程的实施。Xia 和 Xu [6] 提出了几种集成算子，主要包括犹豫模糊加权平均、犹豫模糊加权几何、广义犹豫模糊加权平均和广义犹豫模糊加权几何等。受优势集成算子的启发，Wei [7] 在多目标决策问题中考虑了不同的优势水平，提出了犹豫模糊优势加权平均和犹豫模糊优势加权几何集成算子。Yu 等人 [8] 推广 Bonferroni 平均算子到犹豫模糊环境，定义了广义犹豫模糊 Bonferroni 平均算子。文献 [9,10] 考虑了 Bonferroni 平均算子的其他推广形式，例如犹豫模糊几何 Bonferroni 平均、犹豫模糊 Choquet 几何 Bonferroni 平均和加权犹豫模糊几何 Bonferroni 平均等。集成算子的另外一类是拟算术平均算子[11]。Xia 等人[12] 把拟算术平均算子与犹豫模糊元结合起来，提出了一种拟犹豫模糊加权平均集成算子。在 Mesiar 和 Mesiarova-Zemankova 的有序模块平均算子[13] 基础上，推广了拟犹豫模糊加权平均算子，引进一种犹豫模糊模块加权平均算子[12]。文献 [14] 基于幂算子引进了两种算子：犹豫模糊幂平均和犹豫模糊幂几何。在这两种算子基础上，又进一步得到了多种犹豫模糊幂集成算子，并讨论了这些算子之间的关系。近年来，Zhang 等人[15] 提出了一些诱导性广义犹豫模糊算子，并且将其应用到多属性决策问题中。Liao 和 Xu[16] 研究了一些犹豫混合加权集成算子，并且利用犹豫模糊信息为多属性决策问题确立了一种决策算法。Yu[17] 基于 Einstein 运算法则提出了一些犹豫模糊集成算子。Tan 等人[18] 提出了一些犹豫模糊 Hamacher 集成算子，并且将其应用到多属性决策问题中。近两年，Qin 等人[19] 基于 Maclaurin 对称平均提出了一些犹豫模糊算子，并且研究了它们的性质，同时他们基于犹豫模糊集的 Frank 运算提出了一些犹豫模糊集成算子，例如犹豫模糊 Frank 加权平均、犹豫模糊 Frank 有序加权平均和犹豫模糊 Frank 混合平均等[20]。然而在实际的犹豫模糊群决策应用中，前面所提的那些犹豫模糊集成算子的运算量是很大的。为了降低犹豫模糊集成算子的运算量，近年来一些学者改进以前的集成规则，提出了一些新的集成规则，并且通过仿真实验比较说明了新的集成规则确实可以降低犹豫模糊集成算子的运算量[21–23]。

(2) 从度量角度来看，与之有关的度量有距离、相似度量、相关系数及其信息度量等。Xu 和 Xia[24] 引进了犹豫模糊集一系列的距离和相似度量，其中主要包括犹豫标准 Hamming 距离、犹豫标准 Euclidean 距离和广义犹豫标准 Hausdorff 距离等，在此基础上他们又进一步提出了犹豫模糊有序加权距离度量和犹豫模糊有序加权相似度量。他们又分析了犹豫模糊集的熵、交叉熵和相似度量之间的关系[25]。随后，Farhadinia[26] 指出了文献 [25] 中熵和交叉熵的缺点，重新定义了犹豫模糊集的熵和交叉熵，并且研究了犹豫模糊集和区间值犹豫模糊集的熵、相似度量和距离度量之间的关系。基于文献 [24] 中的距离度量，Xu 和 Xia[27] 又研究了犹豫模糊元的一些距离和相关系数度量，并讨论了它们的性质。Peng 等人[28] 指出文献 [24] 中广义犹豫模糊加权距离和广义犹豫模糊有序加权距离都存在一定的缺陷，他们引进了一种广义犹豫模糊协同加权距离度量，并且讨论了它们的一些性质。在文献 [27] 基础上，Chen 等人[29] 提出了一种犹豫模糊集的相关系数公式，并把它应用到聚类分析中。Li 等人[30] 引进了犹豫模糊集的几种新的距离和相似度量，讨论了它们的性质，并把这些公式应用到多属性决策问题从而说明了这些度量方法的有效性。需要注意的是，上面提到的多数距离度量和相关系数都是以两个犹豫模糊元具有相同的长度且元素按递增或递减排序的假设为基础的。Meng 和 Chen[31] 不以传统的假设为基础，直接引进了犹豫模糊集的几种新的相关系数，并把它们应用到聚类分析和基于犹豫模糊环境的决策问题中。此外，Liao 等人[32] 指出了现存犹豫模糊集的相关系数存在的缺点。为了克服这些缺点，他们[32] 也提出了一种新的相关系数和加权相关系数，并把它们应用到医疗诊断和聚类分析中。Hu 等人[33] 对犹豫模糊集提出了更多合理的信息度量，并在犹豫模糊环境下引进了一种新的 TOPSIS 方法。

(3) 从模型拓展角度来看，犹豫模糊集与其他不确定性理论的融合是犹豫模糊集研究中一个非常活跃的方向。犹豫模糊集与直觉模糊集相融合产生了广义犹豫模糊集[34] 和对偶犹豫模糊集[35]；犹豫模糊集与区间值模糊集相融合产生了区间值犹豫模糊集[36]；犹豫模糊集与三角模糊数相融合产生了三角犹豫模糊集[37]；犹豫模糊集与模糊语言术语集相融合产生了犹豫模糊语言术语集[38]。总之，上述犹豫模糊集的拓展模型自诞生之日起就吸引了许多研究者的注意。他们从集成算子、度量和应用的角度分别研究这些模型，并产生了许多丰硕的成果[39–54]。然而，犹豫模糊集先天就存在参变量工具不足的缺陷，这为实际生活中处理一些不确定性问题带来了困难。基于这种背景，Wang 等人[55] 把犹豫模糊集与软集理论相融合，提出了一种犹豫模糊软集，并考虑了它在实际决策问题中的应用。文献 [56] 把区间值犹豫模糊集和软集相结合，引进了区间值犹豫模糊软集，并在该模型基础上提出了一种可调整决策方法来处理一些不确定性问题。需要注意的是，这种区间值犹豫模糊软集是文献 [55] 中犹豫模糊软集的一种推广。最近，Yang 等人[57] 把犹豫模糊集与粗糙集相融合，提出了一种犹豫模糊粗糙集模型。然而，这种犹豫模糊粗糙集模型最大的缺陷是它的犹豫模糊子集不满足反对称性，这在经典集合论中是根本不可能发生的。基于此，Zhang 等人[58] 把犹豫模糊粗糙集推广到区间值犹豫模糊环境，提出了区间值犹豫模糊粗糙集模型。这种区间值犹豫模糊粗糙集模型与文献 [57] 中的犹豫模糊粗糙集相比较而言，它的区间值犹豫模糊子集是满足反对称性的，从而他们又进一步研究了该模型的拓扑结构及其应用[59]。

### 1.1.2 粗糙集

粗糙集理论是 Pawlak 提出的一种重要的处理不确定性信息的数学工具，这种理论最基本的结构是由论域集和等价关系组成的近似空间构成。粗糙集理论是用下、上近似的概念把隐藏在信息系统中的知识以决策规则的形式挖掘和表达出来。因此，粗糙集理论虽不是一种最精确的方法，但它提供了一种能有效解决复杂问题的近似方案。与其他不确定性理论相比较而言，粗糙集理论最大的优点是它不需要提供数据集合以外的任何先验知识信息，从而该理论对不确定性信息的描绘是相对比较公正和客观的。目前为止，关于粗糙集的研究主要集中在模型拓展、数学结构分析、属性约简、不确定性度量及其与其他不确定性理论的融合等方面。

从模型拓展角度来看，粗糙集的研究方法主要有两种：构造性方法与代数性方法。构造性方法是从论域、关系及其集合这三个方向进行推广研究。

从论域方向的研究主要集中在把单论域的粗糙集模型向双论域进行推广。许多研究者从不同的角度研究了双论域上的粗糙集模型，产生了一系列丰硕的成果[60–68]。例如，Liu[60] 利用孤立集研究了基于双论域的粗糙集，并用粗糙集方法找到了 Boolean 方程组的解法。在经典变精度粗糙集模型基础上，Shen 和 Wang[61] 把经典变精度粗糙集模型推广到双论域，定义了双论域上的变精度粗糙集模型。Ma 和 Sun[62] 引进了双论域上的概率粗糙集模型，并研究了它的性质。Sun 和 Ma[63] 基于一种模糊容差关系研究了双论域上的模糊粗糙集。随后，Yang 等人[66] 推广文献 [63] 中双论域上的模糊粗糙集，提出了双论域上的双极模糊粗糙集，并进一步研究了这种模型的变换[64]。Liu 等人[68] 提出了基于双论域上的程度粗糙集，并研究了它的性质。

从关系方向进行推广研究的主要原因是 Pawlak 粗糙集模型中的等价关系是非常苛刻的条件，这限制了粗糙集的应用。出于理论和实际需要，许多研究者通过用一些非等价关系代替等价关系来推广 Pawlak 粗糙集模型。论域上的二元等价关系推广为一般的普通关系产生了基于一般关系的粗糙集模型[69]；普通关系推广到模糊环境产生了粗糙模糊集[70,71] 和模糊粗糙集[70,72–76]；模糊关系推广到直觉模糊与区间值模糊环境分别产生了直觉模糊粗糙集[77–81] 和区间值模糊粗糙集[82–84]。最近几年，模糊关系已经发展到犹豫模糊与区间值犹豫模糊环境，分别产生了犹豫模糊粗糙集[57,85] 和区间值犹豫模糊粗糙集[58]。需要注意的是，上述粗糙集的近似集都是由论域上的单个二元关系所刻画。从粒计算角度来看，这些粗糙集模型都是由一个粒度所确定的。然而在许多情况下，根据解决问题目标的不同需求，一个目标概念可以通过用论域上的多个二元关系来描绘。基于这种背景，Qian 等人[86] 推广经典的粗糙集模型至多粒度环境，引进了多粒度粗糙集理论。这种理论引进两种基本的模型：一种是乐观多粒度粗糙集模型，另外一种是悲观多粒度粗糙集模型。自从多粒度粗糙集模型产生以后，有关多粒度粗糙集领域的许许多多的研究成果涌现出来[87–99]。例如，Qian 等人[87] 利用论域上的多个容差关系提出了一种不完备多粒度粗糙集模型，他们也研究了多粒度决策粗糙集模型[90]。Yang 等人[88] 推广多粒度粗糙集模型至模糊环境，引进了一种基于模糊关系的多粒度粗糙集。顺着 Qian 的多粒度粗糙集的研究思路，Xu 等人[91,92] 分别提出了基于容差关系的多粒度粗糙集和有序多粒度粗糙集。他们[93,94] 也分别引进了基于经典等价关系的多粒度模糊粗糙集和基于模糊容差近似空间的多粒度模糊粗糙集。通过把多粒度粗糙集和直觉模糊粗糙集融合起来，Huang 等人[96] 提出了一种直觉模糊多粒度粗糙集模型，并给出了这种模型的一种约简方法。Liu 等人[95] 基于多粒度粗糙集引进了一种覆盖模糊粗糙集模型。为了处理以混合属性为背景的数据集合，Lin 等人 [97] 提出了邻域基多粒度粗糙集模型，他们也推广覆盖至多粒度环境引进了覆盖多粒度粗糙集模型[98]。通过把变精度粗糙集与多粒度决策模糊粗糙集结合起来，Feng 和 Mi[99] 提出了一种变精度多粒度决策模糊粗糙集模型。

从集合和近似空间方向的研究是指与其他不确定性理论知识（如证据理论、模糊数学和概率论等）融合起来进行研究。

代数性方法是从粗糙集代数系统中抽象出一对近似算子，从而产生某一类型的关系来刻画对应的粗糙近似算子。这种方法的优点是它可以揭示粗糙集的代数结构，缺点是缺乏应用性。对于代数性方法的研究，刚开始仅限于经典的 Pawlak 粗糙集代数系统，后来由 Yao[100,101] 将其发展到一般关系下的粗糙集代数系统。此后，Wu 等人[75,76] 基于模糊粗糙集提出了模糊关系下的粗糙集代数系统。在此基础上，Zhou 等人[79,80] 将这种模糊关系下的粗糙集代数系统发展到直觉模糊环境，引进了直觉模糊关系下的粗糙集代数系统。最近，Yang 等人[57] 将模糊关系下的粗糙集代数系统推广到犹豫模糊环境，引进了犹豫模糊关系下的粗糙集代数系统。

粗糙集数学结构的主要研究内容包括粗糙集的拓扑结构和代数结构这两方面。自 Pawlak 粗糙集诞生以来，许多研究者研究了一般粗糙集模型的拓扑结构[102–106]。此外，一些研究者在模糊和直觉模糊环境下也讨论了粗糙集的拓扑结构[74,107–112]。例如，文献 [108] 研究了 $T$ 模糊粗糙集的拓扑结构，证明了一对对偶的 $T$ 模糊粗糙近似算子能诱导出一个模糊拓扑空间的充分必要条件是模糊近似空间的模糊关系是自反的。此外在一定条件下，一个由模糊拓扑空间产生的模糊内部算子和模糊闭包算子可以产生一个自反且 $T$ 传递的模糊近似空间，且诱导出来的下、上 $T$ 模糊粗糙近似算子恰好是给定拓扑空间的模糊内部算子和模糊闭包算子。随后，Zhou 和 Wu [109,110] 推广这些结果到直觉模糊粗糙集，确立了直觉模糊粗糙近似与直觉模糊拓扑之间的联系。相比较粗糙集的拓扑结构，有关粗糙集代数结构的研究相对较少[113–116]。

属性约简是粗糙集理论的重要应用之一，并被研究者广泛研究[117–126]。目前已经产生了许多新的属性约简方法，并被应用到决策区域[127,128]、信息系统的动力性质[129,130]、与其他方法的融合[131,132] 及其处理混合数据[133] 等方面。最近几年，粗糙集理论的并行约简被许多研究者广泛关注，并且研究成果丰硕[134–137]。

粗糙集的不确定性度量是粗糙集的一个重要研究方向。研究者陆续提出了许多典型的不确定性度量,包括粗糙度、近似精度、粗糙熵、模糊熵和模糊度等[138–144]。有关概率粗糙集模型的不确定性度量研究得到了许多研究者的广泛关注。例如,基于博弈粗糙集模型 Azam 和 Yao[145] 从正域、负域和边界域这三个区域分析了概率粗糙集的不确定性。为了用增量知识获取方法得到近似规则，Wang 和 Ma [146] 在概率粗糙集中为属性约简构建了单调的不确定性度量方法。文献 [62] 指出了用传统方法度量不确定性的局限性，通过分析不确定性度量的性质，引进了覆盖的 Shannon 熵——双论域上的概率粗糙集的粗糙度和精度。Zhang 等人[147] 从三个区域角度度量了概率粗糙集模型的不确定性，揭示了变化知识空间中不确定性的变化规则。

粗糙集理论与其他不确定性理论的融合研究主要涉及模糊数学、概率论和证据理论等。粗糙集理论与模糊数学相融合产生了诸如模糊粗糙集、粗糙模糊集、直觉模糊粗糙集、区间值模糊粗糙集、犹豫模糊粗糙集等一些前面提到过的粗糙集的拓展模型。当知识库的知识信息是随机产生的时候，研究者把粗糙集理论与概率论结合起来提出了概率粗糙集模型[148,149]。因为粗糙集与证据理论具有很强的互补性和相容性，所以文献 [150] 把这两者融合起来建立了一种新的粗糙集模型。最近几年，研究者对粗糙集理论与粒计算相结合的研究也产生了浓厚兴趣，产生了许多新的粗糙集模型[87,89–99]。

## 1.2 本书的主要工作及内容安排

犹豫模糊集和粗糙集作为最新处理不确定性问题的两种数学工具都各具特色。在实际生活中，为了更好地处理不确定性问题，把这两种理论融合起来进行研究不失为一种好方法。一方面，本书融合犹豫模糊集和粗糙集，提出几种粗糙集混合模型，并讨论它们的性质、拓扑结构、不确定性度量及其属性约简等。另一方面，本书也研究了多粒度信息和粗糙集理论的融合，提出一种新的多粒度粗糙集混合模型，并考虑其应用。

本书共 7 章，各章的主要内容如下：

第 1 章介绍了犹豫模糊集和粗糙集这两种理论的研究背景和现状，并给出本研究的主要工作和内容安排。

第 2 章介绍与本书相关的一些基本概念和结论，为后续章节奠定基础。

第 3 章改进现有的犹豫模糊粗糙集模型。Yang 等人[57] 融合犹豫模糊集与粗糙集，提出了一种犹豫模糊粗糙集模型。然而，这种犹豫模糊粗糙集模型存在的缺陷是基于该模型的犹豫模糊子集是不满足反对称性的。为了弥补这个缺陷，我们定义了一种新的犹豫模糊粗糙集，而基于这种粗糙集的犹豫模糊子集是满足反对称性的。然后研究了这种犹豫模糊近似算子的性质，同时确立了犹豫模糊粗糙近似空间和犹豫模糊拓扑空间之间的关系。最后，证明了自反且传递的犹豫模糊近似空间与犹豫模糊粗糙拓扑空间之间存在一个一一对应的关系。

第 4 章推广犹豫模糊粗糙集模型至双论域情形，提出了一种基于双论域的犹豫模糊粗糙集模型，并深入探讨了该模型的性质、不确定性度量及其运算。鉴于双论域上的粗糙集的实际应用需求，本章基于双论域的犹豫模糊粗糙集构建了一种处理不确定性问题的决策方法。

第 5 章通过利用犹豫模糊容差关系，构建一种犹豫模糊容差粗糙集模型。通过应用这种新的粗糙集模型，确立了犹豫模糊软集的一种决策方法，并通过一个实例论证了新决策方法在犹豫模糊软环境中的科学性和合理性。

第 6 章从粒计算角度推广犹豫模糊粗糙集模型至多粒度环境，构建了两种多粒度犹豫模糊粗糙集模型：乐观多粒度犹豫模糊粗糙集和悲观多粒度犹豫模糊粗糙集。确立了单粒度犹豫模糊粗糙集、乐观多粒度犹豫模糊粗糙集和悲观多粒度犹豫模糊粗糙集这三者之间的关系。重点探讨了多粒度犹豫模糊粗糙集模型的不确定性度量及其约简方法。

第 7 章进行总结归纳，指出下一步需要研究完善的问题。

# 2 预备知识

本章主要介绍与本书相关的几种不确定性理论的基本概念和结论，为后续章节奠定基础。

## 2.1 犹豫模糊集

犹豫模糊集是 Torra[3] 提出的一种最新处理不确定性问题的数学方法，它是模糊集的一种推广形式，具体定义如下。

**定义 2.1** [3] 设 $U$ 是一个非空有限论域集，称 $\mathbb{A}=\{< x, h_{\mathbb{A}}(x) > |x\in U\}$ 为 $U$ 上的一个犹豫模糊集合，其中 $h_{\mathbb{A}}(x)$ 是区间 $[0,1]$ 上的一些不同数值组成的有限集合，表示 $U$ 中元素 $x$ 对 $\mathbb{A}$ 的可能隶属度。

**注记 2.1** 在定义 2.1中，如果 $h_{\mathbb{A}}(x)$ 只包含有一个元素，那么犹豫模糊集 $\mathbb{A}$ 就可以看作是一个模糊集合。这就是说，模糊集是犹豫模糊集的一种特殊情形。

为了方便起见, Xia 和 Xu[6] 称 $h_{\mathbb{A}}(x)$ 为一个犹豫模糊元，并记 $U$ 上的所有犹豫模糊集的集合为 $HF(U)$。

这里我们引进以下几个特殊的犹豫模糊集合[3, 57]: $\forall\mathbb{A}\in HF(U)$,

(1) $\mathbb{A}$ 被称作是一个空犹豫模糊集，当且仅当对所有的 $x\in U$，$h_{\mathbb{A}}(x)=\{0\}$。本书中，空犹豫模糊集记作 $\emptyset$。

(2) $\mathbb{A}$ 被称作是一个满犹豫模糊集，当且仅当对所有的 $x\in U$，$h_{\mathbb{A}}(x)=\{1\}$。本书中，满犹豫模糊集记作 $\mathbb{U}$。

(3) $\mathbb{A}$ 被称作是一个常数犹豫模糊集，当且仅当对所有的 $x\in U$，$h_{\mathbb{A}}(x)=\{a_1,a_2,\cdots,a_m\}$, 其中 $a_i\in[0,1], i=1,2,\cdots,m$, 即 $h_{\mathbb{A}}(x)\in 2^{[0,1]}$。本书中，常数犹豫模糊集记作 $\widehat{a_{1,\cdots,m}}$。

对任意的 $y\in U$，$M\subseteq U$, 两个特殊的犹豫模糊集 $1_y$ 和 $1_M$ 分别被定义如下:

$$h_{1_y}(x)=\begin{cases}\{1\}, & x=y\\ \{0\}, & x\neq y\end{cases}$$

$$h_{1_M}(x)=\begin{cases}\{1\}, & x\in M\\ \{0\}, & x\notin M\end{cases}$$

值得注意的是，不同的犹豫模糊元中数值的数量个数是不一样的，并且它们通常是无序的。假设 $l(h_{\mathbb{A}}(x))$ 表示犹豫模糊元 $h_{\mathbb{A}}(x)$ 中数值的数量个数，Xu 和 Xia[24] 给出了以下假设：

(1) 每个犹豫模糊元 $h_{\mathbb{A}}(x)$ 中的元素都按递增顺序排列，且 $h_{\mathbb{A}}^{\sigma(k)}(x)$ 表示犹豫模糊元 $h_{\mathbb{A}}(x)$ 中的第 $k$ 个最大的元素。

(2) 对两个犹豫模糊元 $h_{\mathbb{A}}(x)$ 和 $h_{\mathbb{B}}(x)$, 如果 $l(h_{\mathbb{A}}(x))\neq l(h_{\mathbb{B}}(x))$, 那么 $l=\max\{l(h_{\mathbb{A}}(x)),l(h_{\mathbb{B}}(x))\}$。为了正确地比较犹豫模糊元，$h_{\mathbb{A}}(x)$ 和 $h_{\mathbb{B}}(x)$ 应该具有相同的长度 $l$。如果 $h_{\mathbb{A}}(x)$ 中的元素比 $h_{\mathbb{B}}(x)$ 中的元素少，那么我们应该乐观地通过重复 $h_{\mathbb{A}}(x)$ 中最大的元素来增加 $h_{\mathbb{A}}(x)$ 的长度，直至 $h_{\mathbb{A}}(x)$ 与 $h_{\mathbb{B}}(x)$ 具有相同的长度。

**注记 2.2** 通过上面的假设，我们知道犹豫模糊元中的最大元素或最小元素是可以多次重复出现的。例如，$h=\{0.2,0.4,0.5,0.5\}$ 和 $h^c=\{0.5,0.5,0.6,0.8\}$ 可以看作是犹豫模糊元。然而，在犹豫模糊元中除了最大元素或最小元素以外的任何元素的多次重复出现都是不允许的。例如，$h=\{0.2,0.4,0.4,0.5\}$ 就不能看作是犹豫模糊元，但是 $h=\{0.2,0.4,0.5\}$ 是一个犹豫模糊元。

文献 [151] 指出，当采用 Torra[3] 和 Xia[6] 等人定义的犹豫模糊元的运算时，犹豫模糊元的维数会随着和运算或乘法运算而增加，从而显著地增加了计算量。因此，为了降低运算所得的犹豫模糊元的维数，Liao 等人[151] 在 Xu 和 Xia[24] 的假设基础上提出了一种新的运算方法，具体定义如下：

**定义 2.2** [151] 设 $U$ 是一个非空有限论域集，对任意的 $\mathbb{A},\mathbb{B}\in HF(U),x\in U$, 则

(1) $\mathbb{A}$ 的补运算记作 $\mathbb{A}^c$，定义为

$$h_{\mathbb{A}^c}(x)=\sim h_{\mathbb{A}}(x)=\{1-h_{\mathbb{A}}^{\sigma(k)}(x)|k=1,2,\cdots,l\}$$

(2) $\mathbb{A}$ 和 $\mathbb{B}$ 的并运算记作 $\mathbb{A}\Cup\mathbb{B}$，定义为

$$h_{\mathbb{A}\Cup\mathbb{B}}(x)=h_{\mathbb{A}}(x)\veebar h_{\mathbb{B}}(x)=\{h_{\mathbb{A}}^{\sigma(k)}(x)\vee h_{\mathbb{B}}^{\sigma(k)}(x)|k=1,2,\cdots,l\}$$

(3) $\mathbb{A}$ 和 $\mathbb{B}$ 的交运算记作 $\mathbb{A}\Cap\mathbb{B}$，定义为

$$h_{\mathbb{A}\Cap\mathbb{B}}(x)=h_{\mathbb{A}}(x)\barwedge h_{\mathbb{B}}(x)=\{h_{\mathbb{A}}^{\sigma(k)}(x)\wedge h_{\mathbb{B}}^{\sigma(k)}(x)|k=1,2,\cdots,l\}$$

(4) $\mathbb{A}$ 和 $\mathbb{B}$ 的环和运算记作 $\mathbb{A}\boxplus\mathbb{B}$，定义为

$$\begin{aligned}h_{\mathbb{A}\boxplus\mathbb{B}}(x)&=h_{\mathbb{A}}(x)\oplus h_{\mathbb{B}}(x)\\&=\{h_{\mathbb{A}}^{\sigma(k)}(x)+h_{\mathbb{B}}^{\sigma(k)}(x)-h_{\mathbb{A}}^{\sigma(k)}(x)h_{\mathbb{B}}^{\sigma(k)}(x)|k=1,2,\cdots,l\}\end{aligned}$$

(5) $\mathbb{A}$ 和 $\mathbb{B}$ 的环积运算记作 $\mathbb{A}\boxtimes\mathbb{B}$，定义为

$$h_{\mathbb{A}\boxtimes\mathbb{B}}(x)=h_{\mathbb{A}}(x)\otimes h_{\mathbb{B}}(x)=\{h_{\mathbb{A}}^{\sigma(k)}(x)h_{\mathbb{B}}^{\sigma(k)}(x)|k=1,2,\cdots,l\}$$

式中，$h_{\mathbb{A}}^{\sigma(k)}(x)$ 和 $h_{\mathbb{B}}^{\sigma(k)}(x)$ 分别表示犹豫模糊元 $h_{\mathbb{A}}(x)$ 和 $h_{\mathbb{B}}(x)$ 中的第 $k$ 个最大的元素，且 $l=\max\{l(h_{\mathbb{A}}(x)),l(h_{\mathbb{B}}(x))\}$。

**例 2.1** 设 $h_{\mathbb{A}}(x)=\{0.3,0.5,0.8,0.9\}$ 和 $h_{\mathbb{B}}(x)=\{0.4,0.6,0.7\}$ 是两个犹豫模糊元。根据定义 2.2，有

$$\begin{aligned}h_{\mathbb{A}\Cup\mathbb{B}}(x)&=h_{\mathbb{A}}(x)\veebar h_{\mathbb{B}}(x)=\{h_{\mathbb{A}}^{\sigma(k)}(x)\vee h_{\mathbb{B}}^{\sigma(k)}(x)|k=1,2,3,4\}\\&=\{0.4\vee0.3,0.5\vee0.6,0.8\vee0.7,0.9\vee0.7\}=\{0.4,0.6,0.8,0.9\}\\h_{\mathbb{A}\Cap\mathbb{B}}(x)&=h_{\mathbb{A}}(x)\barwedge h_{\mathbb{B}}(x)=\{h_{\mathbb{A}}^{\sigma(k)}(x)\wedge h_{\mathbb{B}}^{\sigma(k)}(x)|k=1,2,3,4\}\\&=\{0.4\wedge0.3,0.5\wedge0.6,0.8\wedge0.7,0.9\wedge0.7\}=\{0.3,0.5,0.7,0.7\}\\h_{\mathbb{A}\boxplus\mathbb{B}}(x)&=h_{\mathbb{A}}(x)\oplus h_{\mathbb{B}}(x)\\&=\{h_{\mathbb{A}}^{\sigma(k)}(x)+h_{\mathbb{B}}^{\sigma(k)}(x)-h_{\mathbb{A}}^{\sigma(k)}(x)h_{\mathbb{B}}^{\sigma(k)}(x)|k=1,2,3,4\}\\&=\{0.4+0.3-0.4\times0.3,0.5+0.6-0.5\times0.6,\\&\quad 0.8+0.7-0.8\times0.7,0.9+0.7-0.9\times0.7\}\\&=\{0.58,0.8,0.94,0.97\}\\h_{\mathbb{A}\boxtimes\mathbb{B}}(x)&=h_{\mathbb{A}}(x)\otimes h_{\mathbb{B}}(x)=\{h_{\mathbb{A}}^{\sigma(k)}(x)h_{\mathbb{B}}^{\sigma(k)}(x)|k=1,2,3,4\}\end{aligned}$$

$$
\begin{aligned}
&= \{0.4 \times 0.3, 0.5 \times 0.6, 0.8 \times 0.7, 0.9 \times 0.7\} \\
&= \{0.12, 0.3, 0.56, 0.63\}
\end{aligned}
$$

值得注意的是，对 Liao 等人[151] 提出的运算下面的定理是成立的。

**定理 2.1**[151] 对任意的 $\mathbb{A}, \mathbb{B} \in HF(U)$, 则下面的结论成立:

(1) $(\mathbb{A} \Cup \mathbb{B})^c = \mathbb{A}^c \Cap \mathbb{B}^c$, $\sim (h_{\mathbb{A}}(x) \veebar h_{\mathbb{B}}(x)) = (\sim h_{\mathbb{A}}(x)) \barwedge (\sim h_{\mathbb{B}}(x))$。

(2) $(\mathbb{A} \Cap \mathbb{B})^c = \mathbb{A}^c \Cup \mathbb{B}^c$, $\sim (h_{\mathbb{A}}(x) \barwedge h_{\mathbb{B}}(x)) = (\sim h_{\mathbb{A}}(x)) \veebar (\sim h_{\mathbb{B}}(x))$。

(3) $(\mathbb{A} \boxplus \mathbb{B})^c = \mathbb{A}^c \boxtimes \mathbb{B}^c$, $\sim (h_{\mathbb{A}}(x) \oplus h_{\mathbb{B}}(x)) = (\sim h_{\mathbb{A}}(x)) \otimes (\sim h_{\mathbb{B}}(x))$。

(4) $(\mathbb{A} \boxtimes \mathbb{B})^c = \mathbb{A}^c \boxplus \mathbb{B}^c$, $\sim (h_{\mathbb{A}}(x) \otimes h_{\mathbb{B}}(x)) = (\sim h_{\mathbb{A}}(x)) \oplus (\sim h_{\mathbb{B}}(x))$。

本书中，除非特别声明，凡是涉及有关犹豫模糊元与犹豫模糊集的比较和运算时，我们都以定义 2.2 与 Xu 和 Xia[24] 的假设为基础。

Yang 等人[57] 引进了一种犹豫模糊子集，然而这种犹豫模糊子集不满足反对称性。为了更好地研究后面章节中犹豫模糊粗糙集模型的数学结构，我们引进一种满足反对称性的犹豫模糊子集。

**定义 2.3** 设 $U$ 是一个非空有限论域集。对任意的 $\mathbb{A}, \mathbb{B} \in HF(U)$, $\mathbb{A}$ 称作是 $\mathbb{B}$ 的犹豫模糊子集，如果对任意的 $x \in U$，$h_{\mathbb{A}}(x) \preceq h_{\mathbb{B}}(x)$ 是成立的。即

$$
h_{\mathbb{A}}(x) \preceq h_{\mathbb{B}}(x) \Leftrightarrow h_{\mathbb{A}}^{\sigma(k)}(x) \leqslant h_{\mathbb{B}}^{\sigma(k)}(x), k = 1, 2, \cdots, l
$$

记作 $\mathbb{A} \sqsubseteq \mathbb{B}$。

显然，我们很容易验证下面的结论成立: $\forall \mathbb{A}, \mathbb{B}, \mathbb{C} \in HF(U)$,

(1) $\mathbb{A} \sqsubseteq \mathbb{A}$。

(2) $\mathbb{A} \sqsubseteq \mathbb{B}, \mathbb{B} \sqsubseteq \mathbb{C} \Longrightarrow \mathbb{A} \sqsubseteq \mathbb{C}$。

(3) $\mathbb{A} \sqsubseteq \mathbb{B}, \mathbb{B} \sqsubseteq \mathbb{A} \Longleftrightarrow \mathbb{A} = \mathbb{B}$。

这就是说, 符号 $\sqsubseteq$ 在 $HF(U)$ 上是满足自反性、传递性和反对称性的。

**例 2.2** 设 $U = \{x_1, x_2\}$, $\mathbb{A}, \mathbb{B}, \mathbb{C}$ 和 $\mathbb{D}$ 是 $U$ 上的四个犹豫模糊集

合，它们分别定义如下:

$$\mathbb{A}=\{< x_1,\{0.3,0.4,0.5\}>,< x_2,\{0.4,0.6\}>\}$$
$$\mathbb{B}=\{< x_1,\{0.5,0.6,0.7\}>,< x_2,\{0.5,0.6,0.7\}>\}$$
$$\mathbb{C}=\{< x_1,\{0.7,0.8,0.8\}>,< x_2,\{0.6,0.9\}>\}$$
$$\mathbb{D}=\{< x_1,\{0.7,0.8\}>,< x_2,\{0.6,0.9,0.9\}>\}$$

通过定义 2.3，可以验证 $\mathbb{A}\sqsubseteq\mathbb{B},\mathbb{B}\sqsubseteq\mathbb{C},\mathbb{A}\sqsubseteq\mathbb{C}$ 和 $\mathbb{C}=\mathbb{D}$。

## 2.2 粗糙集与多粒度粗糙集

粗糙集是 Pawlak 提出的一种处理不确定性信息的数学工具，这种理论是由论域集和等价关系组成的近似空间构成。

设 $U$ 是非空有限论域集，$R$ 是 $U$ 上的一个等价关系，则称 $R$ 为一个不可分辨关系，序对 $(U,R)$ 称为一个近似空间。$R$ 生成 $U$ 上的一个划分 $U/R=\{P_1,P_2,\cdots,P_n\}$，其中 $P_1,P_2,\cdots,P_n$ 是由等价关系 $R$ 生成的 $n$ 个等价类，称它们为粗糙集理论中 $R$ 的基本集。对任意的集合 $X\subseteq U$，$X$ 可以通过 $R$ 的基本集来描绘。集合

$$\underline{R}(X)=\cup\{P_i\in U/R|P_i\subseteq X\},\quad \overline{R}(X)=\cup\{P_i\in U/R|P_i\cap X\neq\emptyset\}$$

分别称为 $X$ 的下、上近似，下、上近似也可以通过下面的等式描绘:

$$\underline{R}(X)=\{x\in U|[x]_R\subseteq X\},\quad \overline{R}(X)=\{x\in U|[x]_R\cap X\neq\emptyset\}$$

如果 $\underline{R}(X)=\overline{R}(X)$，则 $X$ 是一个 $R$ 可定义集，否则，$X$ 是一个 $R$ 粗糙集。

文献 [86] 将 Pawlak 的粗糙集模型推广到多粒度环境，提出了两种多粒度粗糙集模型：一种是乐观多粒度粗糙集，另一种是悲观多粒度粗糙集。接下来，本书回顾一下这些相关的概念。

**定义 2.4** [86] 设 $R_1,R_2,\cdots,R_m$ 是论域 $U$ 上的 $m$ 个普通二元关系，则对任意的 $X\subseteq U$，集合 $X$ 的乐观多粒度下、上近似分别记作 $\underline{\sum_{i=1}^{m}R_i}^{O}(X)$ 和 $\overline{\sum_{i=1}^{m}R_i}^{O}(X)$，它们被定义如下:

$$\underline{\sum_{i=1}^{m} R_i}^{\mathrm{O}}(X) = \{x \in U | [x]_{R_1} \subseteq X \vee [x]_{R_2} \subseteq X \vee \cdots \vee [x]_{R_m} \subseteq X\} \tag{2.1}$$

$$\overline{\sum_{i=1}^{m} R_i}^{\mathrm{O}}(X) = \{x \in U | [x]_{R_1} \cap X \neq \emptyset \wedge [x]_{R_2} \cap X \neq \emptyset \wedge \cdots \wedge [x]_{R_m} \cap X \neq \emptyset\} \tag{2.2}$$

式中，$[x]_{R_i}(1 \leqslant i \leqslant m)$ 是 $x$ 关于等价关系 $R_i(1 \leqslant i \leqslant m)$ 的等价类。

则称 $(\underline{\sum_{i=1}^{m} R_i}^{\mathrm{O}}(X), \overline{\sum_{i=1}^{m} R_i}^{\mathrm{O}}(X))$ 是乐观多粒度粗糙集。

**定义 2.5** [86] 设 $R_1, R_2, \cdots, R_m$ 是论域 $U$ 上的 $m$ 个普通二元关系，则对任意的 $X \subseteq U$，集合 $X$ 的悲观多粒度下、上近似分别记作 $\underline{\sum_{i=1}^{m} R_i}^{\mathrm{P}}(X)$ 和 $\overline{\sum_{i=1}^{m} R_i}^{\mathrm{P}}(X)$，它们被定义如下:

$$\underline{\sum_{i=1}^{m} R_i}^{\mathrm{P}}(X) = \{x \in U | [x]_{R_1} \subseteq X \wedge [x]_{R_2} \subseteq X \wedge \cdots \wedge [x]_{R_m} \subseteq X\} \tag{2.3}$$

$$\overline{\sum_{i=1}^{m} R_i}^{\mathrm{P}}(X) = \{x \in U | [x]_{R_1} \cap X \neq \emptyset \vee [x]_{R_2} \cap X \neq \emptyset \vee \cdots \vee [x]_{R_m} \cap X \neq \emptyset\} \tag{2.4}$$

则称 $(\underline{\sum_{i=1}^{m} R_i}^{\mathrm{P}}(X), \overline{\sum_{i=1}^{m} R_i}^{\mathrm{P}}(X))$ 是悲观多粒度粗糙集。

顺着 Qian 等人的研究思路，Xu 等人[94] 把这种多粒度粗糙集理论推广到模糊环境中，提出了一种模糊容差近似空间上的多粒度模糊粗糙集，具体定义如下。

**定义 2.6** [94] 设 $R_1, R_2, \cdots, R_m$ 是 $U$ 上的 $m$ 个模糊容差关系，对任意的模糊集 $X \in F(U)$，$X$ 的乐观多粒度下、上近似都是 $U$ 上的两个模糊集，分别记作 $\underline{\sum_{i=1}^{m} R_i}^{\mathrm{O}}(X)$ 和 $\overline{\sum_{i=1}^{m} R_i}^{\mathrm{O}}(X)$，它们的隶属函数定义如下：

$$\underline{\sum_{i=1}^{m} R_i}^{\mathrm{O}}(X)(x) = \bigvee_{i=1}^{m} \left( \bigwedge_{y \in U} ((1 - R_i(x, y)) \vee X(y)) \right) \tag{2.5}$$

$$\overline{\sum_{i=1}^{m} R_i}^{\mathrm{O}}(X)(x) = \bigwedge_{i=1}^{m}\left(\bigvee_{y\in U}(R_i(x,y)\wedge X(y))\right) \tag{2.6}$$

则称 $\left(\underline{\sum_{i=1}^{m} R_i}^{\mathrm{O}}(X), \overline{\sum_{i=1}^{m} R_i}^{\mathrm{O}}(X)\right)$ 是模糊容差近似空间上的乐观多粒度模糊粗糙集。

**定义 2.7** [94] 设 $R_1, R_2, \cdots, R_m$ 是 $U$ 上的 $m$ 个模糊容差关系，对任意的模糊集 $X \in F(U)$，$X$ 的悲观多粒度下、上近似都是 $U$ 上的两个模糊集，分别记作 $\underline{\sum_{i=1}^{m} R_i}^{\mathrm{P}}(X)$ 和 $\overline{\sum_{i=1}^{m} R_i}^{\mathrm{P}}(X)$，它们的隶属函数定义如下：

$$\underline{\sum_{i=1}^{m} R_i}^{\mathrm{P}}(X)(x) = \bigwedge_{i=1}^{m}\left(\bigwedge_{y\in U}((1-R_i(x,y))\vee X(y))\right) \tag{2.7}$$

$$\overline{\sum_{i=1}^{m} R_i}^{\mathrm{P}}(X)(x) = \bigvee_{i=1}^{m}\left(\bigvee_{y\in U}(R_i(x,y)\wedge X(y))\right) \tag{2.8}$$

则称 $\left(\underline{\sum_{i=1}^{m} R_i}^{\mathrm{P}}(X), \overline{\sum_{i=1}^{m} R_i}^{\mathrm{P}}(X)\right)$ 是模糊容差近似空间上的悲观多粒度模糊粗糙集。

## 2.3 本章小结

本章主要介绍了犹豫模糊集的基本概念和运算假设，同时也介绍了粗糙集和多粒度粗糙集的概念，为后续章节的内容奠定了理论基础。

# 3 犹豫模糊粗糙集及其拓扑性质

Yang 等人[57] 把犹豫模糊集与粗糙集融合起来，首次引进了犹豫模糊粗糙集模型，并研究了该模型的公理化方法。然而，这个模型存在的缺点是基于这种犹豫模糊粗糙集的犹豫模糊子集是不满足反对称性的。这就是说，对任意的两个犹豫模糊子集 $\mathbb{A}$ 和 $\mathbb{B}$，如果 $\mathbb{A} \sqsubseteq \mathbb{B}$ 且 $\mathbb{B} \sqsubseteq \mathbb{A}$, 那么 $\mathbb{A} = \mathbb{B}$ 是不一定成立的。众所周知，反对称性是经典集合论中普通集合相等关系的一个重要条件，这点对犹豫模糊集合也如此。本章在定义 2.3中满足反对称性的犹豫模糊子集基础上，建立一种新的犹豫模糊粗糙集模型，不混淆起见，在本章中仍将其称为犹豫模糊粗糙集模型。同时本章还将进一步研究该模型的拓扑结构。

## 3.1 犹豫模糊粗糙集

本节首先引进 Yang 等人提出的一种犹豫模糊关系[57]。

**定义 3.1**[57] 设 $U$ 是非空有限论域集，$U$ 上的一个犹豫模糊关系就是 $U \times U$ 上的一个犹豫模糊子集。即，

$$\mathbb{R} = \{< (x,y), h_{\mathbb{R}}(x,y) > |(x,y) \in U \times U\}$$

式中，$h_{\mathbb{R}}(x,y)$ 是区间 $[0,1]$ 上一些不同数值的集合，它表示 $x$ 和 $y$ 之间关联程度的可能隶属度。

Yang 等人也引进了以下几种特殊的犹豫模糊关系。

**定义 3.2**[57] 设 $\mathbb{R}$ 是 $U$ 上的一个犹豫模糊关系，则

(1) $\mathbb{R}$ 是串行的，如果对任意的 $x \in U$ 都存在一个 $y \in U$，使得 $h_{\mathbb{R}}(x,y) = \{1\}$。

(2) $\mathbb{R}$ 是自反的，如果对任意的 $x \in U$ 都有 $h_{\mathbb{R}}(x,x) = \{1\}$。

(3) $\mathbb{R}$ 是对称的，如果对任意的 $(x,y) \in U \times U$ 都有 $h_{\mathbb{R}}(x,y) = h_{\mathbb{R}}(y,x)$。

(4) $\mathbb{R}$ 是传递的，如果对任意的 $(x,z) \in U \times U$ 都有 $h_{\mathbb{R}}(x,y) \barwedge h_{\mathbb{R}}(y,z) \preceq h_{\mathbb{R}}(x,z)$。
换句话说，$\mathbb{R}$ 是传递的，如果下面的条件被满足：

$$h_{\mathbb{R}}^{\sigma(k)}(x,y) \wedge h_{\mathbb{R}}^{\sigma(k)}(y,z) \leqslant h_{\mathbb{R}}^{\sigma(k)}(x,z), k=1,2,\cdots,l$$

式中，$l=\max\{l(h_{\mathbb{R}}(x,y)), l(h_{\mathbb{R}}(y,z)), l(h_{\mathbb{R}}(x,z))\}$。

接下来，本章定义了犹豫模糊近似空间诱导的一种犹豫模糊粗糙近似算子。

**定义 3.3** 设 $U$ 是非空有限论域集，$\mathbb{R}$ 是 $U$ 上的一个犹豫模糊关系，则集对 $(U,\mathbb{R})$ 被称作是一个犹豫模糊近似空间。对任意的 $\mathbb{A} \in HF(U)$，犹豫模糊集 $\mathbb{A}$ 关于 $(U,\mathbb{R})$ 的下、上近似是两个犹豫模糊集，分别记作 $\underline{\mathbb{R}}(\mathbb{A})$ 和 $\overline{\mathbb{R}}(\mathbb{A})$，它们被定义如下:

$$\underline{\mathbb{R}}(\mathbb{A}) = \{< x, h_{\underline{\mathbb{R}}(\mathbb{A})}(x) > | x \in U\} \tag{3.1}$$

$$\overline{\mathbb{R}}(\mathbb{A}) = \{< x, h_{\overline{\mathbb{R}}(\mathbb{A})}(x) > | x \in U\} \tag{3.2}$$

其中
$$h_{\underline{\mathbb{R}}(\mathbb{A})}(x) = \barwedge_{y\in U}\{h_{\mathbb{R}^c}(x,y) \veebar h_{\mathbb{A}}(y)\}$$
$$h_{\overline{\mathbb{R}}(\mathbb{A})}(x) = \veebar_{y\in U}\{h_{\mathbb{R}}(x,y) \barwedge h_{\mathbb{A}}(y)\}$$

集对 $(\underline{\mathbb{R}}(\mathbb{A}), \overline{\mathbb{R}}(\mathbb{A}))$ 被称作是 $\mathbb{A}$ 关于 $(U,\mathbb{R})$ 的犹豫模糊粗糙集，$\underline{\mathbb{R}}, \overline{\mathbb{R}}: HF(U) \to HF(U)$ 分别被称作是下、上犹豫模糊粗糙近似算子。

显然，可以看到

$$h_{\underline{\mathbb{R}}(\mathbb{A})}(x) = \left\{\bigwedge_{y\in U} h_{\mathbb{R}^c}^{\sigma(k)}(x,y) \vee h_{\mathbb{A}}^{\sigma(k)}(y) | k=1,2,\cdots,l_x\right\}$$

$$h_{\overline{\mathbb{R}}(\mathbb{A})}(x) = \left\{\bigvee_{y\in U} h_{\mathbb{R}}^{\sigma(k)}(x,y) \wedge h_{\mathbb{A}}^{\sigma(k)}(y) | k=1,2,\cdots,l_x\right\}$$

式中，$l_x = \max \max\limits_{y\in U}\{l(h_{\mathbb{R}}(x,y)), l(h_{\mathbb{A}}(y))\}$。

**注记 3.1** Yang 等人[57] 引进的基于犹豫模糊粗糙集的犹豫模糊子集是不满足反对称性的。例如，对犹豫模糊元 $\mathbb{F}=\{0.2,0.3,0.8\}$ 和 $\mathbb{G}=\{0.2,0.4,0.6,0.8\}$，根据该文献则有 $\mathbb{F} \sqsubseteq \mathbb{G}$ 和 $\mathbb{G} \sqsubseteq \mathbb{F}$，但是显然

$\mathbb{F} \neq \mathbb{G}$，这在经典集合论中根本是不可能发生的。需要指出的是，由于定义在犹豫模糊元上的运算是不同的，因此定义 3.3 中的犹豫模糊粗糙集是不同于文献 [57] 中的犹豫模糊粗糙集。因此，定义 3.3 中的犹豫模糊粗糙集是一种新的犹豫模糊粗糙集，不混淆起见，本章仍将其称为犹豫模糊粗糙集。

**例 3.1** 设 $(U, \mathbb{R})$ 是犹豫模糊近似空间，其中 $U = \{x_1, x_2, x_3\}$，$\mathbb{R}$ 是 $U$ 上的一个犹豫模糊关系，并可以通过矩阵形式表示如下:

$$\mathbb{R} = \begin{array}{c} \\ x_1 \\ x_2 \\ x_3 \end{array} \begin{array}{c} \begin{array}{ccc} \quad x_1 \quad & \quad x_2 \quad & \quad x_3 \quad \end{array} \\ \begin{pmatrix} \{0.4\} & \{0.4, 0.6\} & \{0.3, 0.5, 0.7\} \\ \{0.4, 0.7, 0.8\} & \{0.5\} & \{0.1, 0.4, 0.7\} \\ \{0.2, 0.4, 0.5\} & \{0.3, 0.4, 0.6\} & \{0.5, 0.8\} \end{pmatrix} \end{array}$$

设犹豫模糊集

$$\mathbb{A} = \{< x_1, \{0.3, 0.4, 0.6\} >, < x_2, \{0.5, 0.7\} >, < x_3, \{0.2, 0.4, 0.8\} >\}$$

通过定义 3.3，可以得到

$$\begin{aligned} h_{\underline{\mathbb{R}}(\mathbb{A})}(x_1) &= \barwedge_{y \in U}\{h_{\mathbb{R}^c}(x_1, y) \veebar h_{\mathbb{A}}(y)\} = (\{0.6, 0.6, 0.6\} \veebar \{0.3, 0.4, 0.6\}) \\ &\quad \barwedge (\{0.4, 0.4, 0.6\} \veebar \{0.5, 0.7, 0.7\}) \barwedge (\{0.3, 0.5, 0.7\} \\ &\quad \veebar \{0.2, 0.4, 0.8\}) \\ &= \{0.6, 0.6, 0.6\} \barwedge \{0.5, 0.7, 0.7\} \barwedge \{0.3, 0.5, 0.8\} \\ &= \{0.3, 0.5, 0.6\} \end{aligned}$$

类似可得，

$$h_{\underline{\mathbb{R}}(\mathbb{A})}(x_2) = \{0.3, 0.4, 0.6\},\ h_{\underline{\mathbb{R}}(\mathbb{A})}(x_3) = \{0.2, 0.4, 0.7\}$$
$$h_{\overline{\mathbb{R}}(\mathbb{A})}(x_1) = \{0.4, 0.6, 0.7\},\ h_{\overline{\mathbb{R}}(\mathbb{A})}(x_2) = \{0.5, 0.5, 0.7\}$$
$$h_{\overline{\mathbb{R}}(\mathbb{A})}(x_3) = \{0.3, 0.4, 0.8\}$$

因此，有

$$\underline{\mathbb{R}}(\mathbb{A}) = \{ < x_1, \{0.3, 0.5, 0.6\} >, < x_2, \{0.3, 0.4, 0.6\} >,$$

$$< x_3, \{0.2, 0.4, 0.7\} >\}$$

$$\overline{\mathbb{R}}(\mathbb{A}) = \{ < x_1, \{0.4, 0.6, 0.7\} >, < x_2, \{0.5, 0.5, 0.7\} >,$$
$$< x_3, \{0.3, 0.4, 0.8\} >\}$$

另外，注意到

$$\mathbb{A}^{\mathrm{c}} = \{ < x_1, \{0.4, 0.6, 0.7\} >, < x_2, \{0.3, 0.3, 0.5\} >,$$
$$< x_3, \{0.2, 0.6, 0.8\} >\}$$

所以，

$$\overline{\mathbb{R}}(\mathbb{A}^{\mathrm{c}}) = \{ < x_1, \{0.4, 0.5, 0.7\} >, < x_2, \{0.4, 0.6, 0.7\} >,$$
$$< x_3, \{0.3, 0.6, 0.8\} >\}$$

一般来说，结论 $\overline{\mathbb{R}}(\mathbb{A}^{\mathrm{c}}) = (\underline{\mathbb{R}}(\mathbb{A}))^{\mathrm{c}}$ 和 $\underline{\mathbb{R}}(\mathbb{A}^{\mathrm{c}}) = (\overline{\mathbb{R}}(\mathbb{A}))^{\mathrm{c}}$ 是成立的，但是 $\underline{\mathbb{R}}(\mathbb{A}) \sqsubseteq \overline{\mathbb{R}}(\mathbb{A})$ 是不成立的。

**定理 3.1** 设 $(U, \mathbb{R})$ 是一个犹豫模糊近似空间，则由 $(U, \mathbb{R})$ 诱导出来的下、上犹豫模糊粗糙近似算子满足下面的性质：$\forall \mathbb{A}, \mathbb{B} \in HF(U)$，$a_i \in [0, 1], i = 1, 2, \cdots, m$，则有

(HFL1) $\underline{\mathbb{R}}(\mathbb{A}^{\mathrm{c}}) = (\overline{\mathbb{R}}(\mathbb{A}))^{\mathrm{c}}$，

(HFU1) $\overline{\mathbb{R}}(\mathbb{A}^{\mathrm{c}}) = (\underline{\mathbb{R}}(\mathbb{A}))^{\mathrm{c}}$，

(HFL2) $\mathbb{A} \sqsubseteq \mathbb{B} \Rightarrow \underline{\mathbb{R}}(\mathbb{A}) \sqsubseteq \underline{\mathbb{R}}(\mathbb{B})$，

(HFU2) $\mathbb{A} \sqsubseteq \mathbb{B} \Rightarrow \overline{\mathbb{R}}(\mathbb{A}) \sqsubseteq \overline{\mathbb{R}}(\mathbb{B})$，

(HFL3) $\underline{\mathbb{R}}(\mathbb{A} \Cap \mathbb{B}) = \underline{\mathbb{R}}(\mathbb{A}) \Cap \underline{\mathbb{R}}(\mathbb{B})$，

(HFU3) $\overline{\mathbb{R}}(\mathbb{A} \Cup \mathbb{B}) = \overline{\mathbb{R}}(\mathbb{A}) \Cup \overline{\mathbb{R}}(\mathbb{B})$，

(HFL4) $\underline{\mathbb{R}}(\mathbb{A} \Cup \mathbb{B}) \sqsupseteq \underline{\mathbb{R}}(\mathbb{A}) \Cup \underline{\mathbb{R}}(\mathbb{B})$，

(HFU4) $\overline{\mathbb{R}}(\mathbb{A} \Cap \mathbb{B}) \sqsubseteq \overline{\mathbb{R}}(\mathbb{A}) \Cap \overline{\mathbb{R}}(\mathbb{B})$，

(HFL5) $\underline{\mathbb{R}}(\mathbb{A} \Cup \widehat{a_{1,\cdots,m}}) = \underline{\mathbb{R}}(\mathbb{A}) \Cup \widehat{a_{1,\cdots,m}}$，

(HFU5) $\overline{\mathbb{R}}(\mathbb{A} \Cap \widehat{a_{1,\cdots,m}}) = \overline{\mathbb{R}}(\mathbb{A}) \Cap \widehat{a_{1,\cdots,m}}$，

(HFL6) $\underline{\mathbb{R}}(\mathbb{U}) = \mathbb{U}$，

(HFU6) $\overline{\mathbb{R}}(\emptyset) = \emptyset$。

**证明**：我们仅证明下近似 $\underline{\mathbb{R}}$ 的情形。上近似 $\overline{\mathbb{R}}$ 的情形与下近似的证明类似，不再赘述。

(HFL1) 由定义 3.3、定义 2.2和定理 2.1可知，

$$\begin{aligned} h_{\underline{\mathbb{R}}(\mathbb{A}^c)}(x) &= \barwedge_{y\in U}\{h_{\mathbb{R}^c}(x,y) \veebar h_{\mathbb{A}^c}(y)\} = \barwedge_{y\in U}\{(\sim h_{\mathbb{R}}(x,y)) \veebar (\sim h_{\mathbb{A}}(y))\} \\ &= \barwedge_{y\in U}\{\sim (h_{\mathbb{R}}(x,y) \barwedge h_{\mathbb{A}}(y))\} \\ &= \sim (\veebar_{y\in U}\{h_{\mathbb{R}}(x,y) \barwedge h_{\mathbb{A}}(y)\}) = h_{(\overline{\mathbb{R}}(\mathbb{A}))^c}(x) \end{aligned}$$

因此，$\underline{\mathbb{R}}(\mathbb{A}^c) = (\overline{\mathbb{R}}(\mathbb{A}))^c$。

(HFL2) 因为 $\mathbb{A} \sqsubseteq \mathbb{B}$，通过定义 2.3 可以得到 $h_{\mathbb{A}}^{\sigma(k)}(y) \leqslant h_{\mathbb{B}}^{\sigma(k)}(y)$。从而，对任意的 $x \in U$ 都有

$$\bigwedge_{y\in U}(h_{\mathbb{A}}^{\sigma(k)}(y) \vee h_{\mathbb{R}^c}^{\sigma(k)}(x,y)) \leqslant \bigwedge_{y\in U}(h_{\mathbb{B}}^{\sigma(k)}(y) \vee h_{\mathbb{R}^c}^{\sigma(k)}(x,y)), 1 \leqslant k \leqslant l_x$$

这就是说，$h_{\underline{\mathbb{R}}(\mathbb{A})}(x) \preceq h_{\underline{\mathbb{R}}(\mathbb{B})}(x)$。因此，$\underline{\mathbb{R}}(\mathbb{A}) \sqsubseteq \underline{\mathbb{R}}(\mathbb{B})$。

(HFL3) 对任意的 $x \in U$, 根据式 (3.1) 可得，

$$\begin{aligned} h_{\underline{\mathbb{R}}(\mathbb{A}\Cap\mathbb{B})}(x) &= \barwedge_{y\in U}\{h_{\mathbb{R}^c}(x,y) \veebar h_{\mathbb{A}\Cap\mathbb{B}}(y)\} = \barwedge_{y\in U}\{h_{\mathbb{R}^c}(x,y) \veebar (h_{\mathbb{A}}(y) \barwedge h_{\mathbb{B}}(y))\} \\ &= \left\{ \bigwedge_{y\in U}(h_{\mathbb{R}^c}^{\sigma(k)}(x,y) \vee h_{\mathbb{A}}^{\sigma(k)}(y)) \wedge \right. \\ &\qquad \left. \bigwedge_{y\in U}(h_{\mathbb{R}^c}^{\sigma(k)}(x,y) \vee h_{\mathbb{B}}^{\sigma(k)}(y)) | k = 1, 2, \cdots, l_x \right\} \\ &= h_{\underline{\mathbb{R}}(\mathbb{A})}(x) \barwedge h_{\underline{\mathbb{R}}(\mathbb{B})}(x) = h_{\underline{\mathbb{R}}(\mathbb{A})\Cap\underline{\mathbb{R}}(\mathbb{B})}(x) \end{aligned}$$

式中，$l_x = \max\max\limits_{y\in U}\{l(h_{\mathbb{R}}(x,y)), l(h_{\mathbb{A}}(y)), l(h_{\mathbb{B}}(y))\}$。

因此，(HFL3) 成立。

(HFL4) 通过 (HFL2) 直接可以得证。

(HFL5) 对任意的 $x \in U$, 根据等式 (3.1) 可得，

$$\begin{aligned} h_{\underline{\mathbb{R}}(\mathbb{A}\Cup\widehat{a_{1,\cdots,m}})}(x) &= \barwedge_{y\in U}\{h_{\mathbb{R}^c}(x,y) \veebar h_{(\mathbb{A}\Cup\widehat{a_{1,\cdots,m}})}(y)\} \\ &= \barwedge_{y\in U}\{h_{\mathbb{R}^c}(x,y) \veebar (h_{\mathbb{A}}(y) \veebar \{a_1, a_2, \cdots, a_m\})\} \\ &= \left\{ \bigwedge_{y\in U}(h_{\mathbb{R}^c}^{\sigma(k)}(x,y) \vee (h_{\mathbb{A}}^{\sigma(k)}(y) \vee a_{1,\cdots,m}^{\sigma(k)})) | k = 1, 2, \cdots, l_x \right\} \\ &= \left\{ \bigwedge_{y\in U}(h_{\mathbb{R}^c}^{\sigma(k)}(x,y) \vee h_{\mathbb{A}}^{\sigma(k)}(y)) \vee a_{1,\cdots,m}^{\sigma(k)} | k = 1, 2, \cdots, l_x \right\} \\ &= h_{\underline{\mathbb{R}}(\mathbb{A})}(x) \veebar h_{\widehat{a_{1,\cdots,m}}}(x) = h_{\underline{\mathbb{R}}(\mathbb{A})\Cup\widehat{a_{1,\cdots,m}}}(x) \end{aligned}$$

式中，$a_{1,\cdots,m}^{\sigma(k)}$ 是 $\widehat{a_{1,\cdots,m}}$ 中的第 $k$ 个最大的数，且 $l_x = \max\max\limits_{y\in U}\{l(h_{\mathbb{R}}(x,y)), l(h_{\mathbb{A}}(y)), l(\widehat{a_{1,\cdots,m}})\}$。因此，(HFL5) 成立。

(HFL6) 由式 (3.1) 直接可以得证。

下面的定理 3.2 表明，一个犹豫模糊关系可以通过定义 3.3 中的犹豫模糊粗糙近似算子表示出来。

**定理 3.2** 设 $\mathbb{R}$ 是 $U$ 上的一个犹豫模糊关系，对任意的 $(x,y)\in U\times U$, $M\subseteq U$, 则有

(1) $h_{\underline{\mathbb{R}}(1_M)}(x) = \overline{\wedge}_{y\notin M} h_{\mathbb{R}^c}(x,y)$;

(2) $h_{\overline{\mathbb{R}}(1_M)}(x) = \underline{\vee}_{y\in M} h_{\mathbb{R}}(x,y)$;

(3) $h_{\underline{\mathbb{R}}(1_{U-\{y\}})}(x) = h_{\mathbb{R}^c}(x,y)$;

(4) $h_{\overline{\mathbb{R}}(1_y)}(x) = h_{\mathbb{R}}(x,y)$。

**证明**：(1) 对任意的 $x\in U$，通过式 (3.1) 可知，

$$
\begin{aligned}
h_{\underline{\mathbb{R}}(1_M)}(x) &= \overline{\wedge}_{y\in U}\{h_{\mathbb{R}^c}(x,y)\,\underline{\vee}\, h_{1_M}(y)\} \\
&= \{1\}\,\overline{\wedge}\,(\overline{\wedge}_{y\notin M} h_{\mathbb{R}^c}(x,y)) = \overline{\wedge}_{y\notin M} h_{\mathbb{R}^c}(x,y)
\end{aligned}
$$

(2) 根据结论 (1) 和下、上近似的对偶性直接可得。

(3) 对任意的 $x\in U$, 由式 (3.1) 可得，

$$
\begin{aligned}
h_{\underline{\mathbb{R}}(1_{U-\{y\}})}(x) &= \overline{\wedge}_{z\in U}\{h_{\mathbb{R}^c}(x,z)\,\underline{\vee}\, h_{1_{U-\{y\}}}(z)\} \\
&= h_{\mathbb{R}^c}(x,y)\,\overline{\wedge}\,\{1\} = h_{\mathbb{R}^c}(x,y)
\end{aligned}
$$

(4) 由结论 (3) 和下、上近似的对偶性直接得证。

由下面的定理 3.3 和定理 3.4 表明，某种特殊的犹豫模糊关系诸如串行犹豫模糊关系、自反犹豫模糊关系、对称犹豫模糊关系和传递犹豫模糊关系等都分别可以通过相应的下、上犹豫模糊粗糙近似算子来刻画。

**定理 3.3** 设 $\mathbb{R}$ 是 $U$ 上的一个犹豫模糊关系，$\underline{\mathbb{R}}$ 和 $\overline{\mathbb{R}}$ 是定义 3.3给出的下、上犹豫模糊粗糙近似算子，则 $\mathbb{R}$ 是串行的当且仅当下面的性质之一成立:

(HFL0) $\underline{\mathbb{R}}(\emptyset) = \emptyset$。

(HFU0) $\overline{\mathbb{R}}(\mathbb{U}) = \mathbb{U}$。

(HFLU0) $\underline{\mathbb{R}}(\mathbb{A}) \sqsubseteq \overline{\mathbb{R}}(\mathbb{A}), \forall\mathbb{A}\in HF(U)$。

(HFL0)′ $\underline{\mathbb{R}}(\widehat{a_{1,\cdots,m}}) = \widehat{a_{1,\cdots,m}}, \forall a_i \in [0,1], i = 1,2,\cdots,m$。

(HFU0)′ $\overline{\mathbb{R}}(\widehat{a_{1,\cdots,m}}) = \widehat{a_{1,\cdots,m}}, \forall a_i \in [0,1], i = 1,2,\cdots,m$。

**证明：** 首先，由 $\underline{\mathbb{R}}$ 和 $\overline{\mathbb{R}}$ 的对偶性质可知 (HFL0) 和 (HFU0) 是等价的，(HFL0)′ 和 (HFU0)′ 也是等价的。

其次，需要证明 $\mathbb{R}$ 是串行的当且仅当 (HFU0) 成立。

设 $\mathbb{R}$ 是串行的，则对任意的 $x \in U$，通过定义可知存在一个 $z \in U$ 使得 $h_{\mathbb{R}}(x,z) = \{1\}$。因此，由式 (3.2) 可得，

$$
\begin{aligned}
h_{\overline{\mathbb{R}}(\mathbb{U})}(x) &= \left\{ \bigvee_{y \in U} (h_{\mathbb{R}}^{\sigma(k)}(x,y) \wedge h_{\mathbb{U}}^{\sigma(k)}(y)) | k = 1,2,\cdots,l_x \right\} \\
&= \left\{ \bigvee_{y \in U} (h_{\mathbb{R}}^{\sigma(k)}(x,y) \wedge 1) | k = 1,2,\cdots,l_x \right\} \\
&= \left\{ h_{\mathbb{R}}^{\sigma(k)}(x,z) \vee \left( \bigvee_{y \neq z} h_{\mathbb{R}}^{\sigma(k)}(x,y) \right) \middle| k = 1,2,\cdots,l_x \right\} \\
&= \{1\} = h_{\mathbb{U}}(x)
\end{aligned}
$$

因此，$\overline{\mathbb{R}}(\mathbb{U}) = \mathbb{U}$。即 (HFU0) 成立。

反过来，假设 (HFU0) 成立，则对任意的 $x \in U$ 都有 $h_{\overline{\mathbb{R}}(\mathbb{U})}(x) = \{1\}$。如果 $\mathbb{R}$ 不是串行的，则存在一个 $x_0 \in U$ 使得对任意的 $y \in U$ 都有 $h_{\mathbb{R}}(x_0,y) \neq \{1\}$。因为 $h_{\mathbb{U}}(y) = \{1\}$，所以对任意的 $y \in U$ 有 $h_{\mathbb{R}}(x_0,y) \barwedge h_{\mathbb{U}}(y) = h_{\mathbb{R}}(x_0,y) \neq \{1\}$。从而 $h_{\overline{\mathbb{R}}(\mathbb{U})}(x_0) \neq \{1\}$，这与假设矛盾。

再次，需要证明 $\mathbb{R}$ 是串行的当且仅当 (HFLU0) 成立。

假设 $\mathbb{R}$ 是串行的，则对任意的 $x \in U$，通过定义可知存在一个 $z \in U$ 使得 $h_{\mathbb{R}}(x,z) = \{1\}$，从而 $h_{\mathbb{R}^c}(x,z) = \{0\}$。由式 (3.1) 可得，

$$
\begin{aligned}
h_{\underline{\mathbb{R}}(\mathbb{A})}(x) &= \left\{ \bigwedge_{y \in U} (h_{\mathbb{R}^c}^{\sigma(k)}(x,y) \vee h_{\mathbb{A}}^{\sigma(k)}(y)) | k = 1,2,\cdots,l_x \right\} \\
&= \Bigg\{ (h_{\mathbb{R}^c}^{\sigma(k)}(x,z) \vee h_{\mathbb{A}}^{\sigma(k)}(z)) \wedge \\
&\quad \left( \bigwedge_{y \neq z} (h_{\mathbb{R}^c}^{\sigma(k)}(x,y) \vee h_{\mathbb{A}}^{\sigma(k)}(y)) \right) \Bigg| k = 1,2,\cdots,l_x \Bigg\} \\
&= \left\{ h_{\mathbb{A}}^{\sigma(k)}(z) \wedge \left( \bigwedge_{y \neq z} (h_{\mathbb{R}^c}^{\sigma(k)}(x,y) \vee h_{\mathbb{A}}^{\sigma(k)}(y)) \right) \middle| k = 1,2,\cdots,l_x \right\} \\
&\preceq \{h_{\mathbb{A}}^{\sigma(k)}(z) | k = 1,2,\cdots,l_x\} = h_{\mathbb{A}}(z)
\end{aligned}
$$

另一方面，通过式 (3.2)，则有

$$\begin{aligned}h_{\overline{\mathbb{R}}(\mathbb{A})}(x)&=\left\{\bigvee_{y\in U}(h_{\mathbb{R}}^{\sigma(k)}(x,y)\wedge h_{\mathbb{A}}^{\sigma(k)}(y))|k=1,2,\cdots,l_x\right\}\\&=\left\{(h_{\mathbb{R}}^{\sigma(k)}(x,z)\wedge h_{\mathbb{A}}^{\sigma(k)}(z))\vee\right.\\&\left.\left(\bigvee_{y\neq z}(h_{\mathbb{R}}^{\sigma(k)}(x,y)\wedge h_{\mathbb{A}}^{\sigma(k)}(y))\right)\right|k=1,2,\cdots,l_x\Bigg\}\\&=\left\{h_{\mathbb{A}}^{\sigma(k)}(z)\vee\left(\bigvee_{y\neq z}(h_{\mathbb{R}}^{\sigma(k)}(x,y)\wedge h_{\mathbb{A}}^{\sigma(k)}(y))\right)\right|k=1,2,\cdots,l_x\Bigg\}\\&\succeq\{h_{\mathbb{A}}^{\sigma(k)}(z)|k=1,2,\cdots,l_x\}=h_{\mathbb{A}}(z)\end{aligned}$$

因此，由上面的讨论结果可得 $h_{\underline{\mathbb{R}}(\mathbb{A})}(x)\preceq h_{\overline{\mathbb{R}}(\mathbb{A})}(x)$，从而 $\underline{\mathbb{R}}(\mathbb{A})\sqsubseteq\overline{\mathbb{R}}(\mathbb{A})$。这就是说，(HFLU0) 成立。

反过来，假设 (HFLU0) 成立，则对任意的 $x\in U$ 都有 $h_{\underline{\mathbb{R}}(\mathbb{A})}^{\sigma(k)}(x)\leqslant h_{\overline{\mathbb{R}}(\mathbb{A})}^{\sigma(k)}(x)$，从而 $h_{\underline{\mathbb{R}}(\emptyset)}^{\sigma(k)}(x)\leqslant h_{\overline{\mathbb{R}}(\emptyset)}^{\sigma(k)}(x)$。另一方面，由式 (3.1) 和式 (3.2) 可得，

$$h_{\underline{\mathbb{R}}(\emptyset)}(x)=\overline{\wedge}_{y\in U}h_{\mathbb{R}^c}(x,y)=\left\{\bigwedge_{y\in U}h_{\mathbb{R}^c}^{\sigma(k)}(x,y)|k=1,2,\cdots,l_x\right\}$$

注意到 $h_{\overline{\mathbb{R}}(\emptyset)}(x)=\{0\}$,从而对任意的 $x\in U$ 都存在一个 $y\in U$,使 $h_{\mathbb{R}^c}^{\sigma(k)}(x,y)=0$。因此 $h_{\mathbb{R}}(x,y)=\{1\}$。这就是说，$\mathbb{R}$ 是串行的。

最后，需要证明 $\mathbb{R}$ 是串行的当且仅当 (HFL0)′ 成立。

假设 $\mathbb{R}$ 是串行的，则对任意的 $x\in U$ 都存在一个 $z\in U$ 使得 $h_{\mathbb{R}}(x,z)=\{1\}$。根据式 (3.1) 可得，

$$\begin{aligned}h_{\underline{\mathbb{R}}(\widehat{a_{1,\cdots,m}})}(x)&=\overline{\wedge}_{y\in U}\{h_{\mathbb{R}^c}(x,y)\veebar h_{\widehat{a_{1,\cdots,m}}}(y)\}\\&=\left\{(h_{\mathbb{R}^c}^{\sigma(k)}(x,z)\vee a_{1,\cdots,m}^{\sigma(k)})\wedge\right.\\&\left.\left(\bigwedge_{y\neq z}(h_{\mathbb{R}^c}^{\sigma(k)}(x,y)\vee a_{1,\cdots,m}^{\sigma(k)})\right)\right|k=1,2,\cdots,l_x\Bigg\}\\&=\left\{a_{1,\cdots,m}^{\sigma(k)}\wedge\left(\bigwedge_{y\neq z}h_{\mathbb{R}^c}^{\sigma(k)}(x,y)\vee a_{1,\cdots,m}^{\sigma(k)}\right)\right|k=1,2,\cdots,l_x\Bigg\}\\&=\{a_{1,\cdots,m}^{\sigma(k)}|k=1,2,\cdots,l_x\}=h_{\widehat{a_{1,\cdots,m}}}(x)\end{aligned}$$

因此，(HFL0)′ 是成立的。

反过来，假设 (HFL0)′ 成立，对任意的 $a_i \in [0,1](i=1,2,\cdots,m)$，则有

$$\begin{aligned} h_{\underline{\mathbb{R}}(\widehat{a_{1,\cdots,m}})}(x) &= \overline{\wedge}_{y\in U}\{h_{\mathbb{R}^c}(x,y)\veebar h_{\widehat{a_{1,\cdots,m}}}(y)\} \\ &= \left\{\bigwedge_{y\in U}(h_{\mathbb{R}^c}^{\sigma(k)}(x,y)\vee a_{1,\cdots,m}^{\sigma(k)})|k=1,2,\cdots,l_x\right\} \\ &= \left\{\left(\bigwedge_{y\in U}h_{\mathbb{R}^c}^{\sigma(k)}(x,y)\right)\vee a_{1,\cdots,m}^{\sigma(k)}|k=1,2,\cdots,l_x\right\} \\ &= \{a_{1,\cdots,m}^{\sigma(k)}|k=1,2,\cdots,l_x\} \end{aligned}$$

因此，$\bigwedge\limits_{y\in U} h_{\mathbb{R}^c}^{\sigma(k)}(x,y) \leqslant a_{1,\cdots,m}^{\sigma(k)}$。通过取 $a_{1,\cdots,m}^{\sigma(k)}=0$，我们知道肯定存在一个 $y\in U$ 使得 $h_{\mathbb{R}}(x,y)=\{1\}$。因此，$\mathbb{R}$ 是串行的。

**注记 3.2**　定理 3.3 不同于文献 [57] 中的定理 6(1)。在文献 [57] 中，因为吸收率对犹豫模糊元的运算是不成立的，所以不能得到结论“$\mathbb{R}$ 是串行的 $\Longleftrightarrow$(HFL0)′ $\Longleftrightarrow$ (HFU0)′”。

**定理 3.4**　设 $(U,\mathbb{R})$ 是一个犹豫模糊近似空间，$\underline{\mathbb{R}}$ 和 $\overline{\mathbb{R}}$ 是由 $(U,\mathbb{R})$ 诱导的下、上犹豫模糊粗糙近似算子，则

(1) $\mathbb{R}$是自反的 $\Longleftrightarrow$ (HFLR) $\underline{\mathbb{R}}(\mathbb{A})\sqsubseteq\mathbb{A},\forall\mathbb{A}\in HF(U)$

$\Longleftrightarrow$ (FHUR) $\mathbb{A}\sqsubseteq\overline{\mathbb{R}}(\mathbb{A}),\forall\mathbb{A}\in HF(U)$。

(2) $\mathbb{R}$是对称的 $\Longleftrightarrow$ (HFLS) $h_{\underline{\mathbb{R}}(1_{U-\{x\}})}(y)=h_{\underline{\mathbb{R}}(1_{U-\{y\}})}(x)$, $\forall(x,y)\in U\times U$

$\Longleftrightarrow$ (HFUS) $h_{\overline{\mathbb{R}}(1_x)}(y)=h_{\overline{\mathbb{R}}(1_y)}(x),\forall(x,y)\in U\times U$。

(3) $\mathbb{R}$是传递的 $\Longleftrightarrow$ (HFLT) $\underline{\mathbb{R}}(\mathbb{A})\sqsubseteq\underline{\mathbb{R}}(\underline{\mathbb{R}}(\mathbb{A})),\forall\mathbb{A}\in HF(U)$

$\Longleftrightarrow$ (HFUT) $\overline{\mathbb{R}}(\overline{\mathbb{R}}(\mathbb{A}))\sqsubseteq\overline{\mathbb{R}}(\mathbb{A}),\forall\mathbb{A}\in HF(U)$。

**证明**：(1) 根据下、上犹豫模糊粗糙近似算子的对偶性质，只需证明 $\mathbb{R}$ 是自反的当且仅当 (HFLR) 成立即可。

设 $\mathbb{R}$ 是自反的，则对任意的 $x\in U$ 都有 $h_{\mathbb{R}}(x,x)=\{1\}$，故 $h_{\mathbb{R}^c}(x,x)=\{0\}$。根据式 (3.1)，则有

$$\begin{aligned} h_{\underline{\mathbb{R}}(\mathbb{A})}(x) &= \overline{\wedge}_{y\in U}\{h_{\mathbb{R}^c}(x,y)\veebar h_{\mathbb{A}}(y)\} \\ &= \left\{\bigwedge_{y\in U}(h_{\mathbb{R}^c}^{\sigma(k)}(x,y)\vee h_{\mathbb{A}}^{\sigma(k)}(y))|k=1,2,\cdots,l_x\right\} \end{aligned}$$

$$= \Big\{ (h_{\mathbb{R}^c}^{\sigma(k)}(x,x) \vee h_{\mathbb{A}}^{\sigma(k)}(x)) \wedge$$

$$\Big( \bigwedge_{y\neq x} (h_{\mathbb{R}^c}^{\sigma(k)}(x,y) \vee h_{\mathbb{A}}^{\sigma(k)}(y)) \Big) \Big| k=1,2,\cdots,l_x \Big\}$$

$$= \Big\{ h_{\mathbb{A}}^{\sigma(k)}(x) \wedge \Big( \bigwedge_{y\neq x} (h_{\mathbb{R}^c}^{\sigma(k)}(x,y) \vee h_{\mathbb{A}}^{\sigma(k)}(y)) \Big) \Big| k=1,2,\cdots,l_x \Big\}$$

$$\preceq \{ h_{\mathbb{A}}^{\sigma(k)}(x) | k=1,2,\cdots,l_x \} = h_{\mathbb{A}}(x)$$

因此，(HFLR) 是成立的。

反过来，假设 (HFLR) 成立，则对任意的 $x \in U$，令 $\mathbb{A} = 1_{U-\{x\}}$，从而可以得到 $h_{\underline{\mathbb{R}}(1_{U-\{x\}})}^{\sigma(k)}(x) \leqslant h_{1_{U-\{x\}}}^{\sigma(k)}(x) = 0$，故 $h_{\underline{\mathbb{R}}(1_{U-\{x\}})}(x) = \{0\}$。另一方面，由式 (3.1) 可得，

$$h_{\underline{\mathbb{R}}(1_{U-\{x\}})}(x) = \barwedge_{y\in U} \{ h_{\mathbb{R}^c}(x,y) \veebar h_{1_{U-\{x\}}}(y) \}$$

$$= \Big\{ \bigwedge_{y\in U} (h_{\mathbb{R}^c}^{\sigma(k)}(x,y) \vee h_{1_{U-\{x\}}}^{\sigma(k)}(y)) | k=1,2,\cdots,l_x \Big\}$$

$$= \Big\{ (h_{\mathbb{R}^c}^{\sigma(k)}(x,x) \vee h_{1_{U-\{x\}}}^{\sigma(k)}(x)) \wedge$$

$$\Big( \bigwedge_{y\neq x} (h_{\mathbb{R}^c}^{\sigma(k)}(x,y) \vee h_{1_{U-\{x\}}}^{\sigma(k)}(y)) \Big) \Big| k=1,2,\cdots,l_x \Big\}$$

$$= \Big\{ h_{\mathbb{R}^c}^{\sigma(k)}(x,x) \wedge \Big( \bigwedge_{y\neq x} (h_{\mathbb{R}^c}^{\sigma(k)}(x,y) \vee 1) \Big) \Big| k=1,2,\cdots,l_x \Big\}$$

$$= \{ h_{\mathbb{R}^c}^{\sigma(k)}(x,x) | k=1,2,\cdots,l_x \}$$

$$= h_{\mathbb{R}^c}(x,x) = \{0\}$$

从而 $h_{\mathbb{R}}(x,x) = \{1\}$。因此，$\mathbb{R}$ 是自反的。

(2) 由定理 3.2 直接可得。

(3) 根据下、上犹豫模糊粗糙近似算子的对偶性，很容易验证 (HFLT) 和 (HFUT) 是等价的，所以只需证明 $\mathbb{R}$ 是传递的，当且仅当 (HFLT) 成立即可。

设 $\mathbb{R}$ 是传递的，则对任意的 $x \in U$，由式 (3.1) 可得，

$$h_{\underline{\mathbb{R}}(\underline{\mathbb{R}}(\mathbb{A}))}(x)$$

$$= \barwedge_{y\in U} \{ h_{\mathbb{R}^c}(x,y) \veebar h_{\underline{\mathbb{R}}(\mathbb{A})}(y) \}$$

$$= \Big\{ \bigwedge_{y\in U} \Big( h_{\mathbb{R}^c}^{\sigma(k)}(x,y) \vee \Big( \bigwedge_{z\in U} (h_{\mathbb{R}^c}^{\sigma(k)}(y,z) \vee h_{\mathbb{A}}^{\sigma(k)}(z)) \Big) \Big) \Big| k=1,2,\cdots,l_x \Big\}$$

$$
\begin{aligned}
&= \left\{ \bigwedge_{y\in U}\bigwedge_{z\in U} \left( h_{\mathbb{R}^c}^{\sigma(k)}(x,y) \vee h_{\mathbb{R}^c}^{\sigma(k)}(y,z) \vee h_{\mathbb{A}}^{\sigma(k)}(z) \right) \middle| k=1,2,\cdots,l_x \right\} \\
&= \left\{ \bigwedge_{z\in U}\bigwedge_{y\in U} ((1-h_{\mathbb{R}}^{\sigma(k)}(x,y)) \vee (1-h_{\mathbb{R}}^{\sigma(k)}(y,z))) \vee h_{\mathbb{A}}^{\sigma(k)}(z) | k=1,2,\cdots,l_x \right\} \\
&= \left\{ \bigwedge_{z\in U} \left( \bigwedge_{y\in U} (1-(h_{\mathbb{R}}^{\sigma(k)}(x,y) \wedge h_{\mathbb{R}}^{\sigma(k)}(y,z))) \right) \vee h_{\mathbb{A}}^{\sigma(k)}(z) | k=1,2,\cdots,l_x \right\} \\
&\succeq \left\{ \bigwedge_{z\in U} (h_{\mathbb{R}^c}^{\sigma(k)}(x,z) \vee h_{\mathbb{A}}^{\sigma(k)}(z)) | k=1,2,\cdots,l_x \right\} \\
&= h_{\underline{\mathbb{R}}(\mathbb{A})}(x)
\end{aligned}
$$

因此，(HFLT) 是成立的。

反过来，假设 (HFLT) 成立，则对任意的 $x,y\in U$，令 $\mathbb{A}=1_{U-\{y\}}$，从而 $h_{\underline{\mathbb{R}}(\underline{\mathbb{R}}(1_{U-\{y\}}))}(x) \succeq h_{\underline{\mathbb{R}}(1_{U-\{y\}})}(x)$。另一方面，由式 (3.1) 和定理 3.2 可得，

$$
\begin{aligned}
h_{\underline{\mathbb{R}}(\underline{\mathbb{R}}(1_{U-\{y\}}))}(x) &= \bar{\wedge}_{z\in U}\{h_{\mathbb{R}^c}(x,z) \veebar h_{\underline{\mathbb{R}}(1_{U-\{y\}})}(z)\} \\
&= \bar{\wedge}_{z\in U}\{h_{\mathbb{R}^c}(x,z) \veebar h_{\mathbb{R}^c}(z,y)\}
\end{aligned}
$$

同时注意到 $h_{\underline{\mathbb{R}}(1_{U-\{y\}})}(x) = h_{\mathbb{R}^c}(x,y)$，从而

$$
\bigwedge_{z\in U} (h_{\mathbb{R}^c}^{\sigma(k)}(x,z) \vee h_{\mathbb{R}^c}^{\sigma(k)}(z,y)) \geqslant h_{\mathbb{R}^c}^{\sigma(k)}(x,y)
$$

于是 $h_{\mathbb{R}^c}^{\sigma(k)}(x,z) \vee h_{\mathbb{R}^c}^{\sigma(k)}(z,y) \geqslant h_{\mathbb{R}^c}^{\sigma(k)}(x,y)$，故

$$
h_{\mathbb{R}}^{\sigma(k)}(x,z) \wedge h_{\mathbb{R}}^{\sigma(k)}(z,y) \leqslant h_{\mathbb{R}}^{\sigma(k)}(x,y)
$$

因此，$\mathbb{R}$ 是传递的。

根据定理 3.4中的 (1) 和 (3)，很容易得到下面的推论。

**推论 3.1** 设 $\mathbb{R}$ 是 $U$ 上满足自反性和传递性的犹豫模糊关系，则
(HFLRT) $\underline{\mathbb{R}}(\mathbb{A}) = \underline{\mathbb{R}}(\underline{\mathbb{R}}(\mathbb{A})), \forall \mathbb{A}\in HF(U)$。
(HFURT) $\overline{\mathbb{R}}(\overline{\mathbb{R}}(\mathbb{A})) = \overline{\mathbb{R}}(\mathbb{A}), \forall \mathbb{A}\in HF(U)$。

## 3.2 犹豫模糊拓扑空间

自 Pawlak 粗糙集诞生以来，粗糙集的拓扑结构一直是粗糙集模型研究的热点问题之一。在这种背景下，许多研究者分别在模糊和直觉模糊环境下讨论了粗

糙集的拓扑结构，并得到了一些有意义的结论。正如 3.1 节所述，在文献 [57] 中，作者推广模糊粗糙集模型至犹豫模糊环境，引进了一种犹豫模糊粗糙集模型。然而，这种模型的犹豫模糊子集是不满足反对称性的，这为研究它的拓扑结构带来了困难。为了进一步推广模糊粗糙集的拓扑结构至犹豫模糊环境，本节基于满足反对称性的犹豫模糊子集建立了一种新的犹豫模糊粗糙集模型，这就为进一步研究该模型的拓扑结构带来了可能。

本节基于 Lowen[152] 意义的拓扑，引进有关犹豫模糊拓扑空间的一些基本概念。

**定义 3.4** 论域 $U$ 上 Lowen 意义的犹豫模糊拓扑是 $U$ 上满足下列条件的犹豫模糊子集组成的集合 $\tau$:

($T_1$) 对任意的$a_i \in [0,1](i=1,2,\cdots,m)$, $\widehat{a_{1,\cdots,m}} \in \tau$;

($T_2$) 对任意的$\mathbb{A},\mathbb{B} \in \tau$, $\mathbb{A} \Cap \mathbb{B} \in \tau$;

($T_3$) $\bigUplus_{i\in I} \mathbb{A}_i \in \tau$, 其中$\{\mathbb{A}_i | i \in I\} \subseteq \tau$, $I$ 是一个指标集。

集对 $(U,\tau)$ 被称作是一个犹豫模糊拓扑空间，$\tau$ 中的犹豫模糊集 $\mathbb{A}$ 被称作是 $(U,\tau)$ 中的一个犹豫模糊开集。犹豫模糊拓扑空间 $(U,\tau)$ 中的犹豫模糊开集的补集被称作是 $(U,\tau)$ 中的一个犹豫模糊闭集。

值得注意的是，如果定义 3.4 中的条件 ($T_1$) 被 $\emptyset,\mathbb{U} \in \tau$ 替代，那么 $\tau$ 就是 Chang[153] 意义的犹豫模糊拓扑。显然，Lowen 意义的犹豫模糊拓扑肯定是 Chang 意义的犹豫模糊拓扑。本书只考虑 Lowen 意义的犹豫模糊拓扑。

**例 3.2** 设 $U=\{x_1,x_2,x_3\}$，$\mathbb{A},\mathbb{B},\mathbb{C}$ 和 $\mathbb{D}$ 是 $U$ 上的四个犹豫模糊集，分别定义如下:

$$\mathbb{A}=\{<x_1,\{0.4,0.5,0.6,0.7\}>,<x_2,\{0.4,0.6\}>,<x_3,\{0.5,0.7\}>\}$$

$$\mathbb{B}=\{<x_1,\{0.6,0.7,0.8\}>,<x_2,\{0.3,0.4,0.6\}>,<x_3,\{0.4,0.5\}>\}$$

$$\mathbb{C}=\{<x_1,\{0.4,0.5,0.6,0.7\}>,<x_2,\{0.3,0.4,0.6\}>,<x_3,\{0.4,0.5\}>\}$$

$$\mathbb{D}=\{<x_1,\{0.6,0.7,0.8\}>,<x_2,\{0.4,0.6\}>,<x_3,\{0.5,0.7\}>\}$$

则集合 $\tau=\{\emptyset,\mathbb{U},\mathbb{A},\mathbb{B},\mathbb{C},\mathbb{D}\}$ 是 $U$ 上的一个犹豫模糊拓扑。

接下来，定义犹豫模糊拓扑空间的犹豫模糊内部算子和闭算子如下:

**定义 3.5** 设 $(U,\tau)$ 是一个犹豫模糊拓扑空间，对任意的 $\mathbb{A} \in$

$HF(U)$，犹豫模糊集 $\mathbb{A}$ 的内部和闭包分别定义如下：

$$int(\mathbb{A}) = \Cup\{\mathbb{G}|\mathbb{G} \in \tau \text{且} \mathbb{G} \sqsubseteq \mathbb{A}\}, \quad cl(\mathbb{A}) = \Cap\{\mathbb{K}|\mathbb{K}^{c} \in \tau \text{且} \mathbb{A} \sqsubseteq \mathbb{K}\}$$

则 $int,cl$: $HF(U) \longrightarrow HF(U)$ 分别被称作是 $\tau$ 的犹豫模糊内部算子和犹豫模糊闭算子。

**例 3.3** 接着研究例 3.2。设 $\mathbb{E}$ 是 $U$ 上的另一个犹豫模糊集，定义如下：

$$\mathbb{E} = \{< x_1, \{0.7, 0.8, 0.9\} >, < x_2, \{0.5, 0.6, 0.8\} >, < x_3, \{0.7, 0.8\} >\}$$

根据定义 3.5 计算可得，

$$\begin{aligned} int(\mathbb{E}) &= \mathbb{D} \\ &= \{< x_1, \{0.6, 0.7, 0.8\} >, < x_2, \{0.4, 0.6\} >, < x_3, \{0.5, 0.7\} >\} \\ cl(\mathbb{E}) &= \mathbb{U} \end{aligned}$$

**定理 3.5** 设 $(U,\tau)$ 是一个犹豫模糊拓扑空间，对任意的 $\mathbb{A} \in HF(U)$，则

(1) $\mathbb{A}$ 是 $(U,\tau)$ 中的犹豫模糊开集当且仅当 $int(\mathbb{A}) = \mathbb{A}$。

(2) $\mathbb{A}$ 是 $(U,\tau)$ 中的犹豫模糊闭集当且仅当 $cl(\mathbb{A}) = \mathbb{A}$。

**证明**：根据定义 3.5 直接可以得证。

**定理 3.6** 设 $(U,\tau)$ 是一个犹豫模糊拓扑空间，对任意的 $\mathbb{A},\mathbb{B} \in HF(U)$，$a_i \in [0,1], i = 1,2,\cdots,m$，则下面的性质成立：

(Int0) $(int(\mathbb{A}))^{c} = cl(\mathbb{A}^{c})$;

(Cl0) $(cl(\mathbb{A}))^{c} = int(\mathbb{A}^{c})$;

(Int1) $int(\widehat{a_{1,\cdots,m}}) = \widehat{a_{1,\cdots,m}}$;

(Cl1) $cl(\widehat{a_{1,\cdots,m}}) = \widehat{a_{1,\cdots,m}}$;

(Int2) $int(\mathbb{A}) \sqsubseteq \mathbb{A}$;

(Cl2) $\mathbb{A} \sqsubseteq cl(\mathbb{A})$;

(Int3) $int(int(\mathbb{A})) = int(\mathbb{A})$;

(Cl3) $cl(cl(\mathbb{A})) = cl(\mathbb{A})$;

(Int4) $int(\mathbb{A} \Cap \mathbb{B}) = int(\mathbb{A}) \Cap int(\mathbb{B})$;

(Cl4) $cl(\mathbb{A} \Cup \mathbb{B}) = cl(\mathbb{A}) \Cup cl(\mathbb{B})$。

**证明**：根据定义 3.5 和定理 3.5 直接可以得证。

性质 (Int0) 和性质 (Cl0) 表明 $\tau$ 的犹豫模糊内部算子和犹豫模糊闭算子是对偶的。此外，很容易观察到性质 (Int4) 和性质 (Cl4) 分别蕴含如下的性质 (Int4)′ 和性质 (Cl4)′:

(Int4)′ $\mathbb{A} \sqsubseteq \mathbb{B} \Longrightarrow int(\mathbb{A}) \sqsubseteq int(\mathbb{B})$;

(Cl4)′ $\mathbb{A} \sqsubseteq \mathbb{B} \Longrightarrow cl(\mathbb{A}) \sqsubseteq cl(\mathbb{B})$。

下面的定理表明，满足性质 (Int1)~(Int4) 的犹豫模糊算子是某个犹豫模糊拓扑的犹豫模糊内部算子，满足性质 (Cl1)~(Cl4) 的犹豫模糊算子是某个犹豫模糊拓扑的犹豫模糊闭算子。

**定理 3.7** (1) 如果犹豫模糊算子 $int : HF(U) \longrightarrow HF(U)$ 满足性质 (Int1)~(Int4)，那么存在 $U$ 上的一个犹豫模糊拓扑 $\tau_{int}$ 使得 $int_{\tau_{int}} = int$。

(2) 如果犹豫模糊算子 $cl : HF(U) \longrightarrow HF(U)$ 满足性质 (Cl1)~(Cl4)，那么存在 $U$ 上的一个犹豫模糊拓扑 $\tau_{cl}$ 使得 $cl_{\tau_{cl}} = cl$。

**证明**：(1) 定义 $\tau_{int} = \{\mathbb{A} \in HF(U) | int(\mathbb{A}) = \mathbb{A}\}$，只需证明 $\tau_{int}$ 是 $U$ 上的一个犹豫模糊拓扑。

($T_1$) 对任意的 $a_i \in [0,1], i = 1,2,\cdots,m$，由 (Int1) 可得 $\widehat{a_{1,\cdots,m}} \in \tau_{int}$。

($T_2$) 对任意的 $\mathbb{A},\mathbb{B} \in \tau_{int}$，则有 $int(\mathbb{A}) = \mathbb{A}$ 和 $int(\mathbb{B}) = \mathbb{B}$。根据 (Int4) 可以得到，$int(\mathbb{A} \Cap \mathbb{B}) = int(\mathbb{A}) \Cap int(\mathbb{B}) = \mathbb{A} \Cap \mathbb{B}$。因此，$\mathbb{A} \Cap \mathbb{B} \in \tau_{int}$。

($T_3$) 对任意的 $\mathbb{A}_i \in \tau_{int}$，则有 $int(\mathbb{A}_i) = \mathbb{A}_i$。根据 (Int2)，有 $int(\bigcup\limits_{i\in I} \mathbb{A}_i) \sqsubseteq \bigcup\limits_{i\in I} \mathbb{A}_i$。另一方面，对任意的 $i \in I$，$\bigcup\limits_{i\in I} int(\mathbb{A}_i) \sqsupseteq int(\mathbb{A}_i)$ 显然是成立的。根据 (Int4)′ 和 (Int3)，可以得到 $int(\bigcup\limits_{i\in I} int(\mathbb{A}_i)) \sqsupseteq int(int(\mathbb{A}_i)) = int(\mathbb{A}_i)$。因此，$int(\bigcup\limits_{i\in I} int(\mathbb{A}_i)) \sqsupseteq \bigcup\limits_{i\in I} int(\mathbb{A}_i)$。此外，通过假设可知 $int(\bigcup\limits_{i\in I} \mathbb{A}_i) \sqsupseteq \bigcup\limits_{i\in I} \mathbb{A}_i$，从而 $int(\bigcup\limits_{i\in I} \mathbb{A}_i) = \bigcup\limits_{i\in I} \mathbb{A}_i$。故 $\bigcup\limits_{i\in I} \mathbb{A}_i \in \tau_{int}$。

综上所述，$\tau_{int}$ 是 $U$ 上的一个犹豫模糊拓扑。显然，$int_{\tau_{int}} = int$。

(2) 令 $\tau_{cl} = \{\mathbb{A} \in HF(U) | cl(\mathbb{A}^c) = \mathbb{A}^c\}$，则其证明与 (1) 的证明是类似地。

**定理3.8** (1) 设 $int: HF(U) \longrightarrow HF(U)$ 是满足性质 (Int1)~(Int4) 的犹豫模糊算子。定义

$$\tau'_{int} = \{int(\mathbb{A})|\mathbb{A} \in HF(U)\}$$

则 $\tau'_{int} = \tau_{int}$。

(2) 设 $cl: HF(U) \longrightarrow HF(U)$ 是满足性质 (Cl1)~(Cl4) 的犹豫模糊算子。定义

$$\tau'_{cl} = \{(cl(\mathbb{A}))^{c}|\mathbb{A} \in HF(U)\}$$

则 $\tau'_{cl} = \tau_{cl}$。

**证明**：(1) 显然，$\tau_{int} = \{\mathbb{A} \in HF(U)|int(\mathbb{A}) = \mathbb{A}\} \subseteq \tau'_{int}$。另一方面，对任意的 $\mathbb{A} \in HF(U)$，由 (Int3) 可得 $int(int(\mathbb{A})) = int(\mathbb{A})$，于是 $int(\mathbb{A}) \in \tau_{int}$，从而 $\tau'_{int} \subseteq \tau_{int}$。因此，$\tau'_{int} = \tau_{int}$。

(2) 证明与 (1) 的证明是类似地。

**定理 3.9** 设 $int: HF(U) \longrightarrow HF(U)$ 是满足性质 (Int1)~(Int4) 的犹豫模糊算子，$cl: HF(U) \longrightarrow HF(U)$ 是满足性质 (Cl1)~(Cl4) 的犹豫模糊算子。如果 (Int0) 和 (Cl0) 成立，那么 $\tau'_{int} = \tau_{int} = \tau'_{cl} = \tau_{cl}$。

**证明**：根据定理 3.8，只需证明 $\tau'_{int} = \tau'_{cl}$。事实上，由 (Int0) 和 (Cl0) 可得，

$$\begin{aligned}
\tau'_{int} &= \{int(\mathbb{A})|\mathbb{A} \in HF(U)\} = \{(cl(\mathbb{A}^{c}))^{c}|\mathbb{A} \in HF(U)\} \\
&= \{(cl(\mathbb{A}))^{c}|\mathbb{A}^{c} \in HF(U)\} = \{(cl(\mathbb{A}))^{c}|\mathbb{A} \in HF(U)\} \\
&= \tau'_{cl}
\end{aligned}$$

## 3.3 犹豫模糊近似空间与犹豫模糊拓扑空间之间的联系

文献 [108] 研究了 $T$ 模糊粗糙集的拓扑结构。随后，Zhou 和 Wu[109,110] 推广这些结果到直觉模糊粗糙集，确立了直觉模糊粗糙近似与直觉模糊拓扑之间的联系。在本节中，我们推广这些结果到犹豫模糊环境，建立犹豫模糊近似空间与犹豫模糊拓扑空间之间的联系。

### 3.3.1 从犹豫模糊近似空间到犹豫模糊拓扑空间

假设 $U$ 是一个非空有限论域集，$\mathbb{R}$ 是 $U$ 上的犹豫模糊关系，$\underline{\mathbb{R}}$ 和 $\overline{\mathbb{R}}$ 是定义 3.3 中的犹豫模糊粗糙近似算子。

记

$$\tau_{\mathbb{R}} = \{\mathbb{A} \in HF(U) | \underline{\mathbb{R}}(\mathbb{A}) = \mathbb{A}\} \tag{3.3}$$

**引理 3.1** 设 $I$ 是一个指标集，对任意的 $i \in I$，$\mathbb{A}_i \in HF(U)$。如果 $\mathbb{R}$ 是 $U$ 上的一个自反且传递的犹豫模糊关系，则有 $\underline{\mathbb{R}}(\mathop{\Cup}\limits_{i\in I}\underline{\mathbb{R}}(\mathbb{A}_i)) = \mathop{\Cup}\limits_{i\in I}\underline{\mathbb{R}}(\mathbb{A}_i)$。

**证明**：一方面，根据 $\mathbb{R}$ 的自反性和定理 3.4, 有 $\underline{\mathbb{R}}(\mathop{\Cup}\limits_{i\in I}\underline{\mathbb{R}}(\mathbb{A}_i)) \sqsubseteq \mathop{\Cup}\limits_{i\in I}\underline{\mathbb{R}}(\mathbb{A}_i)$。另一方面，由于 $\mathop{\Cup}\limits_{i\in I}\underline{\mathbb{R}}(\mathbb{A}_i) \sqsupseteq \underline{\mathbb{R}}(\mathbb{A}_i)$，因此由定理 3.1中的 (HFL2) 可知，$\underline{\mathbb{R}}(\mathop{\Cup}\limits_{i\in I}\underline{\mathbb{R}}(\mathbb{A}_i)) \sqsupseteq \underline{\mathbb{R}}(\underline{\mathbb{R}}(\mathbb{A}_i))$。注意到 $\mathbb{R}$ 是 $U$ 上的一个自反且传递的犹豫模糊关系，由推论 3.1 可得 $\underline{\mathbb{R}}(\mathop{\Cup}\limits_{i\in I}\underline{\mathbb{R}}(\mathbb{A}_i)) \sqsupseteq \underline{\mathbb{R}}(\mathbb{A}_i)$，从而 $\underline{\mathbb{R}}(\mathop{\Cup}\limits_{i\in I}\underline{\mathbb{R}}(\mathbb{A}_i)) \sqsupseteq \mathop{\Cup}\limits_{i\in I}\underline{\mathbb{R}}(\mathbb{A}_i)$。

综上可得，$\underline{\mathbb{R}}(\mathop{\Cup}\limits_{i\in I}\underline{\mathbb{R}}(\mathbb{A}_i)) = \mathop{\Cup}\limits_{i\in I}\underline{\mathbb{R}}(\mathbb{A}_i)$。

下面的定理 3.10 表明，$U$ 上的一个自反且传递的犹豫模糊关系可以诱导出 $U$ 上的一个犹豫模糊拓扑。

**定理 3.10** 如果 $\mathbb{R}$ 是 $U$ 上的自反且传递的犹豫模糊关系，那么由式 (3.3) 定义的 $\tau_{\mathbb{R}}$ 是 $U$ 上的一个犹豫模糊拓扑。

**证明**：($T_1$) 对任意的 $a_i \in [0,1], i = 1, 2, \cdots, m$，由于自反的犹豫模糊关系肯定是串行的，所以通过定理 3.3 可得 $\underline{\mathbb{R}}(\widehat{a_{1,\cdots,m}}) = \widehat{a_{1,\cdots,m}}$，从而 $\widehat{a_{1,\cdots,m}} \in \tau_{\mathbb{R}}$。

($T_2$) 对任意的 $\mathbb{A}, \mathbb{B} \in \tau_{\mathbb{R}}$，有 $\underline{\mathbb{R}}(\mathbb{A}) = \mathbb{A}$，$\underline{\mathbb{R}}(\mathbb{B}) = \mathbb{B}$。故根据定理 3.1 可得 $\underline{\mathbb{R}}(\mathbb{A} \Cap \mathbb{B}) = \underline{\mathbb{R}}(\mathbb{A}) \Cap \underline{\mathbb{R}}(\mathbb{B}) = \mathbb{A} \Cap \mathbb{B}$。因此，$\mathbb{A} \Cap \mathbb{B} \in \tau_{\mathbb{R}}$。

($T_3$) 假设对任意的 $i \in I$，都有 $\mathbb{A}_i \in \tau_{\mathbb{R}}$，其中 $I$ 是指标集。显然，对任意的 $i \in I$，有 $\underline{\mathbb{R}}(\mathbb{A}_i) = \mathbb{A}_i$。因为 $\mathbb{R}$ 是自反且传递的，所以根据引理 3.1 可得，$\underline{\mathbb{R}}(\mathop{\Cup}\limits_{i\in I}\underline{\mathbb{R}}(\mathbb{A}_i)) = \mathop{\Cup}\limits_{i\in I}\underline{\mathbb{R}}(\mathbb{A}_i)$。从而 $\underline{\mathbb{R}}(\mathop{\Cup}\limits_{i\in I}\mathbb{A}_i) = \mathop{\Cup}\limits_{i\in I}\mathbb{A}_i$，这意味着 $\mathop{\Cup}\limits_{i\in I}\mathbb{A}_i \in \tau_{\mathbb{R}}$。

综上可得，$\tau_{\mathbb{R}}$ 是 $U$ 上的一个犹豫模糊拓扑。

**例 3.4** 设 $(U, \mathbb{R})$ 是一个犹豫模糊近似空间，其中 $U = \{x_1, x_2, x_3\}$，$\mathbb{R}$ 可以通过矩阵形式表示如下：

$$\mathbb{R} = \begin{array}{c} \\ x_1 \\ x_2 \\ x_3 \end{array} \begin{array}{c} \begin{array}{ccc} x_1 & x_2 & x_3 \end{array} \\ \begin{pmatrix} \{0.2, 0.5\} & \{0.4, 0.6, 0.7\} & \{0.3, 0.5, 0.8\} \\ \{0.3, 0.6, 0.9\} & \{1\} & \{0.3, 0.6\} \\ \{0.2, 0.4, 0.7\} & \{0.5, 0.8\} & \{0.4\} \end{pmatrix} \end{array}$$

根据定义 3.3，有

$$
\begin{aligned}
h_{\underline{\mathbb{R}}(\emptyset)}(x_1) &= \barwedge_{y\in U}\{h_{\mathbb{R}^c}(x_1,y) \veebar h_{\emptyset}(y)\}\\
&= \{0.5,0.5,0.8\} \barwedge \{0.3,0.4,0.6\} \barwedge \{0.2,0.5,0.7\}\\
&= \{0.2,0.4,0.6\}\\
h_{\underline{\mathbb{R}}(\emptyset)}(x_2) &= \barwedge_{y\in U}\{h_{\mathbb{R}^c}(x_2,y) \veebar h_{\emptyset}(y)\}\\
&= \{0.1,0.4,0.7\} \barwedge \{0\} \barwedge \{0.4,0.4,0.7\} = \{0\}\\
h_{\underline{\mathbb{R}}(\emptyset)}(x_3) &= \barwedge_{y\in U}\{h_{\mathbb{R}^c}(x_3,y) \veebar h_{\emptyset}(y)\}\\
&= \{0.3,0.6,0.8\} \barwedge \{0.2,0.2,0.5\} \barwedge \{0.6\}\\
&= \{0.2,0.2,0.5\}
\end{aligned}
$$

于是，

$$
\underline{\mathbb{R}}(\emptyset) = \{< x_1, \{0.2,0.4,0.6\} >, < x_2, \{0\} >, < x_3, \{0.2,0.2,0.5\} >\} \neq \emptyset
$$

因此，$\emptyset \notin \tau_{\mathbb{R}}$。这就是说，$\tau_{\mathbb{R}}$ 没有生成一个犹豫模糊拓扑，归其原因 $\mathbb{R}$ 不是自反的。

从例 3.4 可以观察到，如果犹豫模糊关系 $\mathbb{R}$ 不是自反的，那么由式 (3.3) 定义的 $\tau_{\mathbb{R}}$ 可能不是一个犹豫模糊拓扑。

下面的定理 3.11表明，一个自反且传递的犹豫模糊近似空间能生成一个犹豫模糊拓扑空间，并且关于这个犹豫模糊近似空间的下近似集合构成了一个犹豫模糊拓扑。

**定理 3.11** 如果 $\mathbb{R}$ 是 $U$ 上的一个自反且传递的犹豫模糊关系，那么 $\{\underline{\mathbb{R}}(\mathbb{A})|\mathbb{A} \in HF(U)\}$ 是 $U$ 上的一个犹豫模糊拓扑。

**证明：** 显然，$\tau_{\mathbb{R}} \subseteq \{\underline{\mathbb{R}}(\mathbb{A})|\mathbb{A} \in HF(U)\}$。另外，由于 $\mathbb{R}$ 是 $U$ 上的一个自反且传递的犹豫模糊关系，因此根据推论 3.1 可知，$\underline{\mathbb{R}}(\underline{\mathbb{R}}(\mathbb{A})) = \underline{\mathbb{R}}(\mathbb{A})$。这意味着，对任意的 $\mathbb{A} \in HF(U)$ 都有 $\underline{\mathbb{R}}(\mathbb{A}) \in \tau_{\mathbb{R}}$，从而 $\{\underline{\mathbb{R}}(\mathbb{A})|\mathbb{A} \in HF(U)\} \subseteq \tau_{\mathbb{R}}$。综上可得，$\{\underline{\mathbb{R}}(\mathbb{A})|\mathbb{A} \in HF(U)\} = \tau_{\mathbb{R}}$。再根据定理 3.10 可知，$\{\underline{\mathbb{R}}(\mathbb{A})|\mathbb{A} \in HF(U)\}$ 是 $U$ 上的一个犹豫模糊拓扑。

**定理 3.12** 设 $(U, \tau_{\mathbb{R}})$ 是一个自反且传递的犹豫模糊近似空间 $(U, \mathbb{R})$ 诱导的犹豫模糊拓扑空间，也就是说，$\tau_{\mathbb{R}} = \{\underline{\mathbb{R}}(\mathbb{A})|\mathbb{A} \in HF(U)\}$，则对任意的 $\mathbb{A} \in HF(U)$，有

(1) $\underline{\mathbb{R}}(\mathbb{A}) = int_{\tau_{\mathbb{R}}}(\mathbb{A}) = \Cup\{\underline{\mathbb{R}}(\mathbb{B})|\underline{\mathbb{R}}(\mathbb{B}) \sqsubseteq \mathbb{A}, \mathbb{B} \in HF(U)\}$；

(2) $\overline{\mathbb{R}}(\mathbb{A}) = cl_{\tau_{\mathbb{R}}}(\mathbb{A}) = \Cap\{(\underline{\mathbb{R}}(\mathbb{B}))^c|(\underline{\mathbb{R}}(\mathbb{B}))^c \sqsupseteq \mathbb{A}, \mathbb{B} \in HF(U)\} = \Cap\{\overline{\mathbb{R}}(\mathbb{B})|\overline{\mathbb{R}}(\mathbb{B}) \sqsupseteq \mathbb{A}, \mathbb{B} \in HF(U)\}$。

**证明**：(1) 由于 $\mathbb{R}$ 是自反的，根据定理 3.4 可知，$\underline{\mathbb{R}}(\mathbb{A}) \sqsubseteq \mathbb{A}$。从而，$\underline{\mathbb{R}}(\mathbb{A}) \sqsubseteq \Cup\{\underline{\mathbb{R}}(\mathbb{B})|\underline{\mathbb{R}}(\mathbb{B}) \sqsubseteq \mathbb{A}, \mathbb{B} \in HF(U)\}$。另外，由 $\Cup\{\underline{\mathbb{R}}(\mathbb{B})|\underline{\mathbb{R}}(\mathbb{B}) \sqsubseteq \mathbb{A}, \mathbb{B} \in HF(U)\} \sqsubseteq \mathbb{A}$ 可得，$\underline{\mathbb{R}}(\Cup\{\underline{\mathbb{R}}(\mathbb{B})|\underline{\mathbb{R}}(\mathbb{B}) \sqsubseteq \mathbb{A}, \mathbb{B} \in HF(U)\}) \sqsubseteq \underline{\mathbb{R}}(\mathbb{A})$。此外，通过引理 3.1 ，有 $\Cup\{\underline{\mathbb{R}}(\mathbb{B})|\underline{\mathbb{R}}(\mathbb{B}) \sqsubseteq \mathbb{A}, \mathbb{B} \in HF(U)\} \sqsubseteq \underline{\mathbb{R}}(\mathbb{A})$。

综上可知，$\Cup\{\underline{\mathbb{R}}(\mathbb{B})|\underline{\mathbb{R}}(\mathbb{B}) \sqsubseteq \mathbb{A}, \mathbb{B} \in HF(U)\} = \underline{\mathbb{R}}(\mathbb{A})$。

(2) 根据结论 (1) 和 $\underline{\mathbb{R}}$ 与 $\overline{\mathbb{R}}$ 的对偶性直接可以得证。

定理 3.12 表明自反且传递的犹豫模糊近似空间诱导的下、上犹豫模糊粗糙近似算子分别是犹豫模糊拓扑空间的犹豫模糊内部算子和犹豫模糊闭算子。接下来的定理 3.13 表明，一个自反且传递的犹豫模糊关系也能被它自己生成的犹豫模糊拓扑表示出来。

**定理3.13** 设 $(U, \mathbb{R})$ 是一个自反且传递的犹豫模糊近似空间，$(U, \tau_{\mathbb{R}})$ 是由 $(U, \mathbb{R})$ 诱导的犹豫模糊拓扑空间，则

$$h_{\mathbb{R}}(x, y) = \overline{\bigwedge_{\mathbb{B} \in (y)_{\tau_{\mathbb{R}}}}} h_{\mathbb{B}}(x)$$

其中

$$(y)_{\tau_{\mathbb{R}}} = \{\mathbb{B} \in HF(U)|\mathbb{B}^c \in \tau_{\mathbb{R}}, h_{\mathbb{B}}(y) = \{1\}\}$$

**证明**：对任意的 $x, y \in U$, 由定理 3.12 可得，$\overline{\mathbb{R}}(1_y) = cl_{\tau_{\mathbb{R}}}(1_y)$。同时根据定理 3.2 可得，$h_{\mathbb{R}}(x, y) = h_{\overline{\mathbb{R}}(1_y)}(x)$。

另外，因为

$$cl_{\tau_{\mathbb{R}}}(1_y) = \Cap\{\mathbb{B} \in HF(U)|\mathbb{B}^c \in \tau_{\mathbb{R}}\text{且}1_y \sqsubseteq \mathbb{B}\}$$

所以

$$\begin{aligned} h_{cl_{\tau_{\mathbb{R}}}(1_y)}(x) &= \overline{\wedge}\{h_{\mathbb{B}}(x)|\mathbb{B}^c \in \tau_{\mathbb{R}},\ h_{1_y}(x) \preceq h_{\mathbb{B}}(x)\} \\ &= \overline{\wedge}\{h_{\mathbb{B}}(x)|\mathbb{B}^c \in \tau_{\mathbb{R}}, h_{\mathbb{B}}(y) = \{1\}\} \\ &= \overline{\wedge}_{\mathbb{B} \in (y)_{\tau_{\mathbb{R}}}} h_{\mathbb{B}}(x) \end{aligned}$$

综上可知，$h_{\mathbb{R}}(x, y) = \overline{\bigwedge_{\mathbb{B} \in (y)_{\tau_{\mathbb{R}}}}} h_{\mathbb{B}}(x)$。

### 3.3.2 从犹豫模糊拓扑空间到犹豫模糊近似空间

从 3.3.1 节可知，一个自反且传递的近似空间可以产生一个犹豫模糊拓扑，并且它的犹豫模糊内部算子和犹豫模糊闭算子分别是给定犹豫模糊近似空间的下、上近似算子。本小节考虑它的相反问题，即就是在什么样的条件下，犹豫模糊拓扑空间能产生一个犹豫模糊近似空间？下面的定理 3.14 回答了这个问题。

**定理 3.14** 设 $(U,\tau)$ 是一个犹豫模糊拓扑空间，$int, cl: HF(U) \longrightarrow HF(U)$ 分别是它的犹豫模糊内部算子和犹豫模糊闭算子，则对任意的 $\mathbb{A} \in HF(U)$ 都存在 $U$ 上的一个自反且传递的犹豫模糊关系 $\mathbb{R}_\tau$ 满足 $\underline{\mathbb{R}_\tau}(\mathbb{A}) = int(\mathbb{A})$，$\overline{\mathbb{R}_\tau}(\mathbb{A}) = cl(\mathbb{A})$ 当且仅当 $int$ 满足条件 (I2) 和 (I3)，或等价的，$cl$ 满足条件 (C2) 和 (C3): $\forall \mathbb{A}, \mathbb{B} \in HF(U), \widehat{a_{1,\cdots,m}} \in 2^{[0,1]}$。

(I2) $int(\mathbb{A} \Cup \widehat{a_{1,\cdots,m}}) = int(\mathbb{A}) \Cup \widehat{a_{1,\cdots,m}}$;

(I3) $int(\mathbb{A} \Cap \mathbb{B}) = int(\mathbb{A}) \Cap int(\mathbb{B})$;

(C2) $cl(\mathbb{A} \Cap \widehat{a_{1,\cdots,m}}) = cl(\mathbb{A}) \Cap \widehat{a_{1,\cdots,m}}$;

(C3) $cl(\mathbb{A} \Cup \mathbb{B}) = cl(\mathbb{A}) \Cup cl(\mathbb{B})$。

**证明：**“$\Longrightarrow$”对任意的 $\mathbb{A} \in HF(U)$，假设都存在 $U$ 上的一个自反且传递的犹豫模糊关系 $\mathbb{R}_\tau$ 使得 $\underline{\mathbb{R}_\tau}(\mathbb{A}) = int(\mathbb{A})$，$\overline{\mathbb{R}_\tau}(\mathbb{A}) = cl(\mathbb{A})$。根据定理 3.1，很容易看到条件 (I2)、(I3)、(C2) 和 (C3) 都是成立的。

“$\Longleftarrow$”设算子 $cl$ 满足条件 (C2) 和 (C3)。利用 $cl$ 定义 $U$ 上的一个犹豫模糊关系 $\mathbb{R}_\tau = \{< (x,y), h_{\mathbb{R}_\tau}(x,y) > | (x,y) \in U \times U\}$ 如下：

$$h_{\mathbb{R}_\tau}(x,y) = h_{cl(1_y)}(x),\ \forall (x,y) \in U \times U \tag{3.4}$$

另外，对任意的 $\mathbb{A} \in HF(U)$，可以证明

$$\mathbb{A} = \bigCup_{y \in U} (1_y \Cap \widehat{h_{\mathbb{A}}(y)})$$

事实上，对任意的 $x \in U$，有

$$h_{\bigCup_{y \in U}(1_y \Cap \widehat{h_{\mathbb{A}}(y)})}(x) = \underline{\vee}_{y \in U} h_{(1_y \Cap \widehat{h_{\mathbb{A}}(y)})}(x) = \underline{\vee}_{y \in U}(h_{1_y}(x) \barwedge h_{\widehat{h_{\mathbb{A}}(y)}}(x))$$

$$= (\{1\} \barwedge h_{\mathbb{A}}(x)) \underline{\vee} \{0\} = h_{\mathbb{A}}(x)$$

对任意的 $\mathbb{A} \in HF(U)$，由式 (3.2)、条件 (C2) 和条件 (C3) 可得，

$$\begin{aligned} h_{\overline{\mathbb{R}_\tau}(\mathbb{A})}(x) &= \veebar_{y\in U}\{h_{\mathbb{R}_\tau}(x,y) \barwedge h_{\mathbb{A}}(y)\} = \veebar_{y\in U}\{h_{cl(1_y)}(x) \barwedge h_{\widehat{h_{\mathbb{A}}(y)}}(x)\} \\ &= \veebar_{y\in U}\{h_{cl(1_y)\Cap\widehat{h_{\mathbb{A}}(y)}}(x)\} = \veebar_{y\in U}\{h_{cl(1_y\Cap\widehat{h_{\mathbb{A}}(y)})}(x)\} \\ &= h_{\Cup_{y\in U} cl(1_y\Cap\widehat{h_{\mathbb{A}}(y)})}(x) = h_{cl(\Cup_{y\in U}(1_y\Cap\widehat{h_{\mathbb{A}}(y)}))}(x) = h_{cl(\mathbb{A})}(x) \end{aligned}$$

即 $cl(\mathbb{A}) = \overline{\mathbb{R}_\tau}(\mathbb{A})$。由于 $cl$ 与 $int$ 是对偶的，并且 $cl(\mathbb{A}) = \overline{\mathbb{R}_\tau}(\mathbb{A})$，因此 $int(\mathbb{A}) = \underline{\mathbb{R}_\tau}(\mathbb{A})$。根据定理 3.6 中的 (Int2)，有 $\underline{\mathbb{R}_\tau}(\mathbb{A}) \sqsubseteq \mathbb{A}$，从而由定理 3.4 可知，$\mathbb{R}_\tau$ 是自反的。此外，根据定理 3.6 中的 (Int4)′，可以得到 $\underline{\mathbb{R}_\tau}(\underline{\mathbb{R}_\tau}(\mathbb{A})) \sqsubseteq \underline{\mathbb{R}_\tau}(\mathbb{A})$。同时注意到 $\underline{\mathbb{R}_\tau}(\underline{\mathbb{R}_\tau}(\mathbb{A})) = \underline{\mathbb{R}_\tau}(\mathbb{A})$，故 $\underline{\mathbb{R}_\tau}(\mathbb{A}) \sqsubseteq \underline{\mathbb{R}_\tau}(\underline{\mathbb{R}_\tau}(\mathbb{A}))$。这样根据定理 3.4 可知，$\mathbb{R}_\tau$ 是传递的。

综上所述，犹豫模糊关系 $\mathbb{R}_\tau$ 是自反且传递的。

定理 3.14 表明，犹豫模糊拓扑空间中满足一定条件的犹豫模糊内部算子和犹豫模糊闭算子可以产生一个自反且传递的犹豫模糊近似空间，并且被诱导出来的下、上犹豫模糊粗糙近似算子恰好分别是这个犹豫模糊拓扑空间的犹豫模糊内部算子和犹豫模糊闭算子。

**定义 3.6** 设 $(U,\tau)$ 是一个犹豫模糊拓扑空间，$int$, $cl : HF(U) \longrightarrow HF(U)$ 分别是犹豫模糊内部算子和犹豫模糊闭算子。如果 $int$ 满足条件 (I2) 和 (I3)，或等价的，$cl$ 满足条件 (C2) 和 (C3)，则称 $(U,\tau)$ 是一个犹豫模糊粗糙拓扑空间。

设 $\mathscr{R}$ 是 $U$ 上所有自反且传递的犹豫模糊关系的集合，$\mathscr{T}$ 是所有犹豫模糊粗糙拓扑空间的集合。

**定理 3.15** (1) 设 $\mathbb{R} \in \mathscr{R}$，$\tau_{\mathbb{R}}$ 和 $\mathbb{R}_{\tau_{\mathbb{R}}}$ 分别由式 (3.3) 和式 (3.4) 所确定，则 $\mathbb{R}_{\tau_{\mathbb{R}}} = \mathbb{R}$。

(2) 设 $\tau \in \mathscr{T}$，$\mathbb{R}_\tau$ 和 $\tau_{\mathbb{R}_\tau}$ 分别由式 (3.4) 和式 (3.3) 所确定，则 $\tau_{\mathbb{R}_\tau} = \tau$。

**证明：** (1) 因为 $\mathbb{R}$ 是 $U$ 上的一个自反且传递的犹豫模糊关系，所以由定理 3.12 可得，$\underline{\mathbb{R}} = int_{\tau_{\mathbb{R}}}$，$\overline{\mathbb{R}} = cl_{\tau_{\mathbb{R}}}$。根据式 (3.4) 和定理 3.2，有

$$h_{\mathbb{R}_{\tau_{\mathbb{R}}}}(x,y) = h_{cl_{\tau_{\mathbb{R}}}(1_y)}(x) = h_{\overline{\mathbb{R}}(1_y)}(x) = h_{\mathbb{R}}(x,y), \forall x,y \in U$$

从而，$\mathbb{R}_{\tau_{\mathbb{R}}} = \mathbb{R}$。

(2) 根据式 (3.3) 和定理 3.14 可以得到，

$$\tau_{\mathbb{R}_\tau} = \{\mathbb{A} \in HF(U) | \underline{\mathbb{R}_\tau}(\mathbb{A}) = \mathbb{A}\} = \{\mathbb{A} \in HF(U) | int(\mathbb{A}) = \mathbb{A}\} = \tau$$

因此，$\tau_{\mathbb{R}_\tau} = \tau$。

**定理 3.16** 在 $\mathscr{R}$ 和 $\mathscr{T}$ 之间存在一个一一对应。

**证明**：定义映射 $f:\mathscr{R} \longrightarrow \mathscr{T}$ 如下:

$$f(\mathbb{R}) = \tau_{\mathbb{R}},\ \mathbb{R} \in \mathscr{R}$$

另一方面，定义映射 $g:\mathscr{T} \longrightarrow \mathscr{R}$ 如下:

$$g(\tau) = \mathbb{R}_\tau,\ \tau \in \mathscr{T}$$

根据定理 3.15，很容易验证 $f$ 和 $g$ 都是 $\mathscr{R}$ 和 $\mathscr{T}$ 之间的一一对应关系。

定理 3.16表明，自反且传递的犹豫模糊近似空间组成的集合与犹豫模糊粗糙拓扑空间组成的集合之间存在一个一一对应，并且下、上犹豫模糊粗糙近似算子分别是其犹豫模糊内部算子和犹豫模糊闭算子。

## 3.4 本章小结

在本章中，为了改进 Yang 等人[57] 提出的犹豫模糊粗糙集模型，我们基于一种满足反对称的偏序集提出了一种新的犹豫模糊粗糙集模型，并且讨论了这种犹豫模糊粗糙近似算子相关的一些基本性质。本章也进一步研究了这种犹豫模糊粗糙集模型的拓扑结构。研究结果表明，一对对偶的犹豫粗糙近似算子能诱导出 Lowen 意义的犹豫模糊拓扑空间当且仅当犹豫模糊关系是自反且传递的。最后，指出自反且传递的犹豫模糊近似空间组成的集合与犹豫模糊粗糙拓扑空间组成的集合之间存在一个一一对应，并且下、上犹豫模糊粗糙近似算子分别是其犹豫模糊内部算子和犹豫模糊闭算子。

# 4 基于双论域的犹豫模糊粗糙集及其应用研究

第 3 章提出了一种单论域上的犹豫模糊粗糙集，并研究了该模型的拓扑结构。然而在实际生活中，两个或者更多论域的情况是存在的，并且它们之间存在一定的关系，这使得单论域上的犹豫粗糙集模型在处理这些实际问题时是无能为力的。例如，一个人患病在临床上可能同时表现出不同的症状，而同一个症状在临床上可能会是不同的疾病。在这种情况下，医生在单论域的基础上可能很难判断病人究竟患的是哪种疾病。处理这种问题一个简单而有效的方法就是采用两个不同的论域，即双论域，其中一个论域表示疾病的集合，另外一个论域表示症状的集合。本章的主要目的就是为了解决这类医疗诊断决策问题，推广单论域上的犹豫模糊粗糙集模型至双论域情形，引进一种基于双论域的犹豫模糊粗糙集模型，并且基于该模型提出一种新的决策方法。

## 4.1 基于双论域的犹豫模糊粗糙集

首先，推广单论域上的犹豫模糊关系，给出双论域上的犹豫模糊关系的定义。

**定义 4.1** 设 $U,V$ 是两个非空有限论域集，$U\times V$ 的犹豫模糊子集 $\mathbb{R}$ 被称作是从 $U$ 到 $V$ 的一个犹豫模糊关系。即，

$$\mathbb{R}=\{<(x,y),h_{\mathbb{R}}(x,y)>|(x,y)\in U\times V\}$$

式中，$h_{\mathbb{R}}(x,y)$ 是区间 $[0,1]$ 上一些不同数值的集合，表示 $x\in U$ 和 $y\in V$ 之间关联程度的可能隶属度。

值得注意的是，若 $U=V$, 则 $\mathbb{R}$ 退化为 Yang 等人提出的论域 $U$ 上的犹豫模糊关系。

**定义 4.2** 设 $U,V$ 是两个非空有限论域集，$\mathbb{R}$ 是从 $U$ 到 $V$ 的一个犹豫模糊关系。若对任意的 $x\in U$ 都存在一个 $y\in V$ 使得 $h_{\mathbb{R}}(x,y)=\{1\}$,

则称 $\mathbb{R}$ 是从 $U$ 到 $V$ 的一个串行犹豫模糊关系。

接下来，给出由双论域犹豫模糊近似空间诱导的下、上犹豫模糊近似算子的定义。

**定义 4.3** 设 $U,V$ 是两个非空有限论域集，$\mathbb{R}$ 是从 $U$ 到 $V$ 的一个犹豫模糊关系，则称三元组 $(U,V,\mathbb{R})$ 是一个双论域犹豫模糊近似空间。对任意的 $\mathbb{A}\in HF(V)$，犹豫模糊集 $\mathbb{A}$ 关于 $(U,V,\mathbb{R})$ 的下、上近似是 $U$ 上的两个犹豫模糊集，分别记作 $\underline{\mathbb{R}}(\mathbb{A})$ 和 $\overline{\mathbb{R}}(\mathbb{A})$，定义如下：

$$\underline{\mathbb{R}}(\mathbb{A})=\{<x,h_{\underline{\mathbb{R}}(\mathbb{A})}(x)>|x\in U\} \tag{4.1}$$

$$\overline{\mathbb{R}}(\mathbb{A})=\{<x,h_{\overline{\mathbb{R}}(\mathbb{A})}(x)>|x\in U\} \tag{4.2}$$

其中
$$h_{\underline{\mathbb{R}}(\mathbb{A})}(x)=\overline{\wedge}_{y\in V}\{h_{\mathbb{R}^c}(x,y)\,\underline{\vee}\,h_{\mathbb{A}}(y)\},\ x\in U$$
$$h_{\overline{\mathbb{R}}(\mathbb{A})}(x)=\underline{\vee}_{y\in V}\{h_{\mathbb{R}}(x,y)\,\overline{\wedge}\,h_{\mathbb{A}}(y)\},\ x\in U$$

$\underline{\mathbb{R}}(\mathbb{A})$ 与 $\overline{\mathbb{R}}(\mathbb{A})$ 分别被称作是 $\mathbb{A}$ 关于 $(U,V,\mathbb{R})$ 的下、上近似。集对 $(\underline{\mathbb{R}}(\mathbb{A}),\overline{\mathbb{R}}(\mathbb{A}))$ 被称作是 $\mathbb{A}$ 关于 $(U,V,\mathbb{R})$ 的犹豫模糊粗糙集，$\underline{\mathbb{R}},\overline{\mathbb{R}}:HF(V)\to HF(U)$ 分别被称作是由 $(U,V,\mathbb{R})$ 诱导的下、上犹豫模糊粗糙近似算子。

显然，上面的等式蕴含以下的等价形式：

$$h_{\underline{\mathbb{R}}(\mathbb{A})}(x)=\left\{\bigwedge_{y\in V}h_{\mathbb{R}^c}^{\sigma(k)}(x,y)\vee h_{\mathbb{A}}^{\sigma(k)}(y)|k=1,2,\cdots,l_x\right\},\ x\in U$$

$$h_{\overline{\mathbb{R}}(\mathbb{A})}(x)=\left\{\bigvee_{y\in V}h_{\mathbb{R}}^{\sigma(k)}(x,y)\wedge h_{\mathbb{A}}^{\sigma(k)}(y)|k=1,2,\cdots,l_x\right\},\ x\in U$$

式中，$l_x=\max\max\limits_{y\in V}\{l(h_{\mathbb{R}}(x,y)),l(h_{\mathbb{A}}(y))\}$。

**注记 4.1** 在定义 4.3 中，如果 $U=V$，那么双论域上的犹豫模糊粗糙集就退化为第 3 章的犹豫模糊粗糙集。

**注记 4.2** 在定义 4.3 中，如果犹豫模糊元 $h_{\mathbb{A}}(y)$ 和 $h_{\mathbb{R}}(x,y)$ 中都仅仅只存在一个元素，即 $\mathbb{A}$ 退化为一个模糊集，$\mathbb{R}$ 退化为一个从 $U$ 到 $V$ 的模糊关系，那么双论域上的犹豫模糊粗糙集就转化为文献 [75] 中的广义模糊粗糙集。

综上所述，第 3 章的犹豫模糊粗糙集与文献 [75] 中的广义模糊粗糙集是定义 4.3 中的双论域上的犹豫模糊粗糙集的两种特殊情形。

**例 4.1** 设 $(U, V, \mathbb{R})$ 是一个双论域犹豫模糊近似空间，其中 $U = \{x_1, x_2, x_3\}$，$V = \{y_1, y_2, y_3\}$，$\mathbb{R}$ 是从 $U$ 到 $V$ 的一个犹豫模糊关系，它通过矩阵形式表示如下：

$$\mathbb{R} = \begin{array}{c} \\ x_1 \\ x_2 \\ x_3 \end{array} \begin{array}{c} \begin{array}{ccc} y_1 & y_2 & y_3 \end{array} \\ \left(\begin{array}{ccc} \{0.3, 0.6\} & \{0.4, 0.6\} & \{0.2, 0.5, 0.7\} \\ \{0.4, 0.7, 0.8\} & \{0.2\} & \{0.1, 0.4, 0.7\} \\ \{0.2, 0.4, 0.5\} & \{0.5, 0.7, 0.8\} & \{0.5, 0.8\} \end{array}\right) \end{array}$$

设论域 $V$ 上的犹豫模糊集

$$\mathbb{A} = \{< y_1, \{0.3, 0.5, 0.8\} >, < y_2, \{0.3, 0.9\} >, < y_3, \{0.2, 0.4, 0.5\} >\}$$

根据定义 4.3 可得，

$$\begin{aligned} h_{\underline{\mathbb{R}}(\mathbb{A})}(x_1) = \barwedge_{y \in V}\{h_{\mathbb{R}^c}(x_1, y) \veebar h_{\mathbb{A}}(y)\} &= (\{0.4, 0.4, 0.7\} \veebar \{0.3, 0.5, 0.8\}) \\ &\barwedge (\{0.4, 0.4, 0.6\} \veebar \{0.3, 0.9, 0.9\}) \barwedge (\{0.3, 0.5, 0.8\} \\ &\veebar \{0.2, 0.4, 0.5\}) \\ &= \{0.4, 0.5, 0.8\} \barwedge \{0.4, 0.9, 0.9\} \barwedge \{0.3, 0.5, 0.8\} \\ &= \{0.3, 0.5, 0.8\} \end{aligned}$$

类似地，

$$\begin{aligned} &h_{\underline{\mathbb{R}}(\mathbb{A})}(x_2) = \{0.3, 0.5, 0.8\}, \quad h_{\underline{\mathbb{R}}(\mathbb{A})}(x_3) = \{0.2, 0.5, 0.5\}; \\ &h_{\overline{\mathbb{R}}(\mathbb{A})}(x_1) = \{0.3, 0.6, 0.6\}, \quad h_{\overline{\mathbb{R}}(\mathbb{A})}(x_2) = \{0.3, 0.5, 0.8\}, \\ &h_{\overline{\mathbb{R}}(\mathbb{A})}(x_3) = \{0.3, 0.7, 0.8\} \end{aligned}$$

因此，

$$\begin{aligned} \underline{\mathbb{R}}(\mathbb{A}) = \{ &< x_1, \{0.3, 0.5, 0.8\} >, < x_2, \{0.3, 0.5, 0.8\} >, \\ &< x_3, \{0.2, 0.5, 0.5\} >\} \\ \overline{\mathbb{R}}(\mathbb{A}) = \{ &< x_1, \{0.3, 0.6, 0.6\} >, < x_2, \{0.3, 0.5, 0.8\} >, \\ &< x_3, \{0.3, 0.7, 0.8\} >\} \end{aligned}$$

一般来说，$\underline{\mathbb{R}}(\mathbb{A}) \sqsubseteq \overline{\mathbb{R}}(\mathbb{A})$ 是不成立的，除非 $\mathbb{R}$ 是一个串行犹豫模糊关系。

**定理 4.1**　设 $(U, V, \mathbb{R})$ 是一个双论域犹豫模糊近似空间，则由 $(U, V, \mathbb{R})$ 诱导的下、上犹豫模糊粗糙近似算子满足下面的性质：$\forall \mathbb{A}, \mathbb{B} \in HF(V)$,

(HFOL1) $\underline{\mathbb{R}}(\mathbb{A}^c) = (\overline{\mathbb{R}}(\mathbb{A}))^c$,

(HFOU1) $\overline{\mathbb{R}}(\mathbb{A}^c) = (\underline{\mathbb{R}}(\mathbb{A}))^c$,

(HFOL2) $\mathbb{A} \sqsubseteq \mathbb{B} \Rightarrow \underline{\mathbb{R}}(\mathbb{A}) \sqsubseteq \underline{\mathbb{R}}(\mathbb{B})$,

(HFOU2) $\mathbb{A} \sqsubseteq \mathbb{B} \Rightarrow \overline{\mathbb{R}}(\mathbb{A}) \sqsubseteq \overline{\mathbb{R}}(\mathbb{B})$,

(HFOL3) $\underline{\mathbb{R}}(\mathbb{A} \Cap \mathbb{B}) = \underline{\mathbb{R}}(\mathbb{A}) \Cap \underline{\mathbb{R}}(\mathbb{B})$,

(HFOU3) $\overline{\mathbb{R}}(\mathbb{A} \Cup \mathbb{B}) = \overline{\mathbb{R}}(\mathbb{A}) \Cup \overline{\mathbb{R}}(\mathbb{B})$,

(HFOL4) $\underline{\mathbb{R}}(\mathbb{A} \Cup \mathbb{B}) \sqsupseteq \underline{\mathbb{R}}(\mathbb{A}) \Cup \underline{\mathbb{R}}(\mathbb{B})$,

(HFOU4) $\overline{\mathbb{R}}(\mathbb{A} \Cap \mathbb{B}) \sqsubseteq \overline{\mathbb{R}}(\mathbb{A}) \Cap \overline{\mathbb{R}}(\mathbb{B})$,

(HFOL5) $\underline{\mathbb{R}}(\mathbb{V}) = \mathbb{U}$,

(HFOU5) $\overline{\mathbb{R}}(\emptyset) = \emptyset$。

**证明**：证明由定义 4.3 直接可得。

**定理 4.2**　设 $U, V$ 是两个非空有限论域集，$\mathbb{R}_1$ 和 $\mathbb{R}_2$ 是从 $U$ 到 $V$ 的两个犹豫模糊关系。如果 $\mathbb{R}_1 \sqsubseteq \mathbb{R}_2$，则有

(1) $\underline{\mathbb{R}_1}(\mathbb{A}) \sqsupseteq \underline{\mathbb{R}_2}(\mathbb{A}), \forall \mathbb{A} \in HF(V)$;

(2) $\overline{\mathbb{R}_1}(\mathbb{A}) \sqsubseteq \overline{\mathbb{R}_2}(\mathbb{A}), \forall \mathbb{A} \in HF(V)$。

**证明**：证明不再赘述。

下面的定理 4.3 表明，从 $U$ 到 $V$ 的串行犹豫模糊关系 $\mathbb{R}$ 可以通过双论域犹豫模糊近似空间 $(U, V, \mathbb{R})$ 诱导的下、上犹豫模糊粗糙近似算子刻画。

**定理 4.3**　设 $\mathbb{R}$ 是从 $U$ 到 $V$ 一个犹豫模糊关系，$\underline{\mathbb{R}}$ 和 $\overline{\mathbb{R}}$ 是定义 4.3 中的下、上犹豫模糊粗糙近似算子，则 $\mathbb{R}$ 是串行的当且仅当下面的性质之一是成立的：

(HFOL0) $\underline{\mathbb{R}}(\emptyset) = \emptyset$,

(HFOU0) $\overline{\mathbb{R}}(\mathbb{V}) = \mathbb{U}$,

(HFOLU0) $\underline{\mathbb{R}}(\mathbb{A}) \sqsubseteq \overline{\mathbb{R}}(\mathbb{A}), \forall \mathbb{A} \in \mathrm{HF}(\mathrm{V})$。

**证明**：类似于定理 3.3 的证明，不再赘述。

## 4.2 双论域犹豫模糊近似空间上的犹豫模糊集的粗糙度

本节主要研究双论域犹豫模糊近似空间上的犹豫模糊集的粗糙度。首先，给出下、上近似关于 $(U,V,\mathbb{R})$ 的截集的概念。

**定义 4.4** 设 $(U,V,\mathbb{R})$ 是一个双论域犹豫模糊近似空间，且 $\mathbb{A}\in HF(V)$。对 $0<\beta\leqslant\alpha\leqslant 1$，$\mathbb{A}$ 关于 $(U,V,\mathbb{R})$ 的下近似的 $\alpha$ 截集定义如下：

$$\begin{aligned}\underline{\mathbb{R}}(\mathbb{A})_\alpha &= \{x\in U|h_{\underline{\mathbb{R}}(\mathbb{A})}(x)\succeq\{\alpha\}\}\\ &= \{x\in U|h^{\sigma(k)}_{\underline{\mathbb{R}}(\mathbb{A})}(x)\geqslant\alpha,\ k=1,2,\cdots,l(h_{\underline{\mathbb{R}}(\mathbb{A})}(x))\}\end{aligned}$$

类似地，$\mathbb{A}$ 关于 $(U,V,\mathbb{R})$ 的上近似的 $\beta$ 截集定义如下：

$$\begin{aligned}\overline{\mathbb{R}}(\mathbb{A})_\beta &= \{x\in U|h_{\overline{\mathbb{R}}(\mathbb{A})}(x)\succeq\{\beta\}\}\\ &= \{x\in U|h^{\sigma(k)}_{\overline{\mathbb{R}}(\mathbb{A})}(x)\geqslant\beta,\ k=1,2,\cdots,l(h_{\overline{\mathbb{R}}(\mathbb{A})}(x))\}\end{aligned}$$

**定理 4.4** 设 $(U,V,\mathbb{R})$ 是一个双论域犹豫模糊近似空间，且 $\mathbb{A},\mathbb{B}\in HF(V)$。对 $0<\beta\leqslant\alpha\leqslant 1$，下面的性质成立：

(1) $\overline{\mathbb{R}}(\mathbb{A}\Cup\mathbb{B})_\beta=\overline{\mathbb{R}}(\mathbb{A})_\beta\cup\overline{\mathbb{R}}(\mathbb{B})_\beta$, $\underline{\mathbb{R}}(\mathbb{A}\Cap\mathbb{B})_\alpha=\underline{\mathbb{R}}(\mathbb{A})_\alpha\cap\underline{\mathbb{R}}(\mathbb{B})_\alpha$;

(2) $\overline{\mathbb{R}}(\mathbb{A}\Cap\mathbb{B})_\beta\subseteq\overline{\mathbb{R}}(\mathbb{A})_\beta\cap\overline{\mathbb{R}}(\mathbb{B})_\beta$, $\underline{\mathbb{R}}(\mathbb{A}\Cup\mathbb{B})_\alpha\supseteq\underline{\mathbb{R}}(\mathbb{A})_\alpha\cup\underline{\mathbb{R}}(\mathbb{B})_\alpha$;

(3) $\mathbb{A}\sqsubseteq\mathbb{B}\Longrightarrow\overline{\mathbb{R}}(\mathbb{A})_\beta\subseteq\overline{\mathbb{R}}(\mathbb{B})_\beta, \underline{\mathbb{R}}(\mathbb{A})_\alpha\subseteq\underline{\mathbb{R}}(\mathbb{B})_\alpha$;

(4) 若 $\mathbb{R}$ 是串行的，则 $\underline{\mathbb{R}}(\mathbb{A})_\alpha\subseteq\overline{\mathbb{R}}(\mathbb{A})_\beta$。

**证明**：证明由定义 4.4、定理 4.1 和定理 4.3 直接可得。

接下来，引进双论域犹豫模糊近似空间上的犹豫模糊集的粗糙度和精度的概念。本节中，假定犹豫模糊关系 $\mathbb{R}$ 是串行的，则三元组 $(U,V,\mathbb{R})$ 被称作是一个双论域串行犹豫模糊近似空间。

**定义 4.5** 设 $(U,V,\mathbb{R})$ 是一个双论域串行犹豫模糊近似空间，且 $\mathbb{A}\in HF(V)$。对 $0<\beta\leqslant\alpha\leqslant 1$，犹豫模糊集 $\mathbb{A}$ 在 $(U,V,\mathbb{R})$ 中关于变量 $\alpha,\beta$ 的粗糙度 $\rho^{\alpha,\beta}_{\mathbb{A}}$ 定义如下：

$$\rho^{\alpha,\beta}_{\mathbb{A}}=1-\frac{|\underline{\mathbb{R}}(\mathbb{A})_\alpha|}{|\overline{\mathbb{R}}(\mathbb{A})_\beta|}$$

式中，$|\cdot|$ 表示普通集合的基数。若 $\overline{\mathbb{R}}(\mathbb{A})_\beta = \emptyset$，则定义 $\rho_{\mathbb{A}}^{\alpha,\beta} = 0$。$\eta_{\mathbb{A}}^{\alpha,\beta} = \dfrac{|\underline{\mathbb{R}}(\mathbb{A})_\alpha|}{|\overline{\mathbb{R}}(\mathbb{A})_\beta|}$ 被称作是 $\mathbb{A}$ 在 $(U,V,\mathbb{R})$ 中关于变量 $\alpha,\beta$ 的精度。

根据定义 4.5 和定理 4.4 中的 (4)，很容易知道

$$0 \leqslant \rho_{\mathbb{A}}^{\alpha,\beta} \leqslant 1, \quad 0 \leqslant \eta_{\mathbb{A}}^{\alpha,\beta} \leqslant 1$$

**定理 4.5**　设 $(U,V,\mathbb{R})$ 是一个双论域串行犹豫模糊近似空间，$\mathbb{A},\mathbb{B} \in HF(V)$ 且 $\mathbb{A} \sqsubseteq \mathbb{B}$。对 $0 < \beta \leqslant \alpha \leqslant 1$，则下面的性质成立：

(1) 若 $\overline{\mathbb{R}}(\mathbb{A})_\beta = \overline{\mathbb{R}}(\mathbb{B})_\beta$，则 $\rho_{\mathbb{B}}^{\alpha,\beta} \leqslant \rho_{\mathbb{A}}^{\alpha,\beta}$；

(2) 若 $\underline{\mathbb{R}}(\mathbb{A})_\alpha = \underline{\mathbb{R}}(\mathbb{B})_\alpha$，则 $\rho_{\mathbb{A}}^{\alpha,\beta} \leqslant \rho_{\mathbb{B}}^{\alpha,\beta}$。

**证明**：证明由定义 4.5 和定理 4.4 中的 (3) 直接可得。

值得注意的是，在上面定理 4.5 中，若 $\overline{\mathbb{R}}(\mathbb{A})_\beta = \overline{\mathbb{R}}(\mathbb{B})_\beta$ 与 $\underline{\mathbb{R}}(\mathbb{A})_\alpha = \underline{\mathbb{R}}(\mathbb{B})_\alpha$ 同时成立，则有 $\rho_{\mathbb{A}}^{\alpha,\beta} = \rho_{\mathbb{B}}^{\alpha,\beta}$。

**定理 4.6**　设 $(U,V,\mathbb{R})$ 是一个双论域串行犹豫模糊近似空间，且 $\mathbb{A},\mathbb{B} \in HF(V)$。对 $0 < \beta \leqslant \alpha \leqslant 1$，则下面的不等式成立：

$$\rho_{\mathbb{A}\Cup\mathbb{B}}^{\alpha,\beta}|\overline{\mathbb{R}}(\mathbb{A})_\beta \cup \overline{\mathbb{R}}(\mathbb{B})_\beta| \leqslant \rho_{\mathbb{A}}^{\alpha,\beta}|\overline{\mathbb{R}}(\mathbb{A})_\beta| + \rho_{\mathbb{B}}^{\alpha,\beta}|\overline{\mathbb{R}}(\mathbb{B})_\beta| - \rho_{\mathbb{A}\Cap\mathbb{B}}^{\alpha,\beta}|\overline{\mathbb{R}}(\mathbb{A})_\beta \cap \overline{\mathbb{R}}(\mathbb{B})_\beta|$$

**证明**：由定义 4.5 和定理 4.4，可以得到

$$\rho_{\mathbb{A}\Cup\mathbb{B}}^{\alpha,\beta} = 1 - \frac{|\underline{\mathbb{R}}(\mathbb{A}\Cup\mathbb{B})_\alpha|}{|\overline{\mathbb{R}}(\mathbb{A}\Cup\mathbb{B})_\beta|} = 1 - \frac{|\underline{\mathbb{R}}(\mathbb{A}\Cup\mathbb{B})_\alpha|}{|\overline{\mathbb{R}}(\mathbb{A})_\beta \cup \overline{\mathbb{R}}(\mathbb{B})_\beta|} \leqslant 1 - \frac{|\underline{\mathbb{R}}(\mathbb{A})_\alpha \cup \underline{\mathbb{R}}(\mathbb{B})_\alpha|}{|\overline{\mathbb{R}}(\mathbb{A})_\beta \cup \overline{\mathbb{R}}(\mathbb{B})_\beta|}$$

这就是说，

$$\rho_{\mathbb{A}\Cup\mathbb{B}}^{\alpha,\beta}|\overline{\mathbb{R}}(\mathbb{A})_\beta \cup \overline{\mathbb{R}}(\mathbb{B})_\beta| \leqslant |\overline{\mathbb{R}}(\mathbb{A})_\beta \cup \overline{\mathbb{R}}(\mathbb{B})_\beta| - |\underline{\mathbb{R}}(\mathbb{A})_\alpha \cup \underline{\mathbb{R}}(\mathbb{B})_\alpha|$$

类似地，

$$\rho_{\mathbb{A}\Cap\mathbb{B}}^{\alpha,\beta} = 1 - \frac{|\underline{\mathbb{R}}(\mathbb{A}\Cap\mathbb{B})_\alpha|}{|\overline{\mathbb{R}}(\mathbb{A}\Cap\mathbb{B})_\beta|} = 1 - \frac{|\underline{\mathbb{R}}(\mathbb{A})_\alpha \cap \underline{\mathbb{R}}(\mathbb{B})_\alpha|}{|\overline{\mathbb{R}}(\mathbb{A}\Cap\mathbb{B})_\beta|} \leqslant 1 - \frac{|\underline{\mathbb{R}}(\mathbb{A})_\alpha \cap \underline{\mathbb{R}}(\mathbb{B})_\alpha|}{|\overline{\mathbb{R}}(\mathbb{A})_\beta \cap \overline{\mathbb{R}}(\mathbb{B})_\beta|}$$

于是，

$$\rho_{\mathbb{A}\Cap\mathbb{B}}^{\alpha,\beta}|\overline{\mathbb{R}}(\mathbb{A})_\beta \cap \overline{\mathbb{R}}(\mathbb{B})_\beta| \leqslant |\overline{\mathbb{R}}(\mathbb{A})_\beta \cap \overline{\mathbb{R}}(\mathbb{B})_\beta| - |\underline{\mathbb{R}}(\mathbb{A})_\alpha \cap \underline{\mathbb{R}}(\mathbb{B})_\alpha|$$

一方面，对有限集合 $X,Y$ 而言，有 $|X \cup Y| = |X| + |Y| - |X \cap Y|$。因此，

$$\begin{aligned}
\rho_{\mathbb{A}\Cup\mathbb{B}}^{\alpha,\beta}|\overline{\mathbb{R}}(\mathbb{A})_\beta\cup\overline{\mathbb{R}}(\mathbb{B})_\beta| \leqslant & |\overline{\mathbb{R}}(\mathbb{A})_\beta|+|\overline{\mathbb{R}}(\mathbb{B})_\beta|-|\overline{\mathbb{R}}(\mathbb{A})_\beta\cap\overline{\mathbb{R}}(\mathbb{B})_\beta|- \\
& |\underline{\mathbb{R}}(\mathbb{A})_\alpha|-|\underline{\mathbb{R}}(\mathbb{B})_\alpha|+|\underline{\mathbb{R}}(\mathbb{A})_\alpha\cap\underline{\mathbb{R}}(\mathbb{B})_\alpha| \\
= & |\overline{\mathbb{R}}(\mathbb{A})_\beta|+|\overline{\mathbb{R}}(\mathbb{B})_\beta|-|\underline{\mathbb{R}}(\mathbb{A})_\alpha|-|\underline{\mathbb{R}}(\mathbb{B})_\alpha|- \\
& (|\overline{\mathbb{R}}(\mathbb{A})_\beta\cap\overline{\mathbb{R}}(\mathbb{B})_\beta|-|\underline{\mathbb{R}}(\mathbb{A})_\alpha\cap\underline{\mathbb{R}}(\mathbb{B})_\alpha|) \\
\leqslant & |\overline{\mathbb{R}}(\mathbb{A})_\beta|+|\overline{\mathbb{R}}(\mathbb{B})_\beta|-|\underline{\mathbb{R}}(\mathbb{A})_\alpha|-|\underline{\mathbb{R}}(\mathbb{B})_\alpha|- \\
& \rho_{\mathbb{A}\Cap\mathbb{B}}^{\alpha,\beta}|\overline{\mathbb{R}}(\mathbb{A})_\beta\cap\overline{\mathbb{R}}(\mathbb{B})_\beta|
\end{aligned}$$

另一方面，由定义 4.5 可得

$$\begin{aligned}
\rho_{\mathbb{A}\Cup\mathbb{B}}^{\alpha,\beta}|\overline{\mathbb{R}}(\mathbb{A})_\beta\cup\overline{\mathbb{R}}(\mathbb{B})_\beta| \leqslant & (|\overline{\mathbb{R}}(\mathbb{A})_\beta|-|\underline{\mathbb{R}}(\mathbb{A})_\alpha|)+(|\overline{\mathbb{R}}(\mathbb{B})_\beta|-|\underline{\mathbb{R}}(\mathbb{B})_\alpha|)- \\
& \rho_{\mathbb{A}\Cap\mathbb{B}}^{\alpha,\beta}|\overline{\mathbb{R}}(\mathbb{A})_\beta\cap\overline{\mathbb{R}}(\mathbb{B})_\beta| \\
= & \rho_{\mathbb{A}}^{\alpha,\beta}|\overline{\mathbb{R}}(\mathbb{A})_\beta|+\rho_{\mathbb{B}}^{\alpha,\beta}|\overline{\mathbb{R}}(\mathbb{B})_\beta|-\rho_{\mathbb{A}\Cap\mathbb{B}}^{\alpha,\beta}|\overline{\mathbb{R}}(\mathbb{A})_\beta\cap\overline{\mathbb{R}}(\mathbb{B})_\beta|
\end{aligned}$$

**定理 4.7** 设 $U,V$ 是两个非空有限论域集，$\mathbb{R}_1,\mathbb{R}_2$ 是从 $U$ 到 $V$ 的两个串行犹豫模糊关系。若 $\mathbb{R}_1\sqsubseteq\mathbb{R}_2$，则对任意的 $\mathbb{A}\in HF(V)$，$0<\beta\leqslant\alpha\leqslant 1$，下面的性质成立：

(1) $\underline{\mathbb{R}_2}(\mathbb{A})_\alpha\subseteq\underline{\mathbb{R}_1}(\mathbb{A})_\alpha$, $\overline{\mathbb{R}_1}(\mathbb{A})_\beta\subseteq\overline{\mathbb{R}_2}(\mathbb{A})_\beta$;

(2) $\rho_{\mathbb{R}_1}^{\alpha,\beta}(\mathbb{A})\leqslant\rho_{\mathbb{R}_2}^{\alpha,\beta}(\mathbb{A})$。

**证明**：(1) 由定理 4.2 和定义 4.4 直接可证。

(2) 根据结论 (1) 和定义 4.5 直接可证。

**定理 4.8** 设 $(U,V,\mathbb{R})$ 是一个双论域串行犹豫模糊近似空间，且 $\mathbb{A}\in HF(V)$. 对 $0<\beta_1\leqslant\beta_2\leqslant\alpha_1\leqslant\alpha_2\leqslant 1$，则下面的性质成立。

(1) $\underline{\mathbb{R}}(\mathbb{A})_{\alpha_2}\subseteq\underline{\mathbb{R}}(\mathbb{A})_{\alpha_1}$, $\overline{\mathbb{R}}(\mathbb{A})_{\beta_2}\subseteq\overline{\mathbb{R}}(\mathbb{A})_{\beta_1}$;

(2) $\rho_{\mathbb{A}}^{\alpha_1,\beta_2}\leqslant\rho_{\mathbb{A}}^{\alpha_2,\beta_1}$。

**证明**：(1) 证明由定义 4.4 直接可得。

(2) 证明由结论 (1) 和定义 4.5 直接可得。

## 4.3 双论域上的犹豫模糊粗糙集的并、交及其合成运算

本节主要讨论双论域上的犹豫模糊粗糙集模型的并、交及其合成运算。

**定义 4.6** 设 $(U,V,\mathbb{R}_1)$ 与 $(U,V,\mathbb{R}_2)$ 是两个双论域犹豫模糊近似空间。

(1) 犹豫模糊近似空间 $(U, V, \mathbb{R}_1 \Cup \mathbb{R}_2)$ 被称作是 $(U, V, \mathbb{R}_1)$ 与 $(U, V, \mathbb{R}_2)$ 的并集。

(2) 犹豫模糊近似空间 $(U, V, \mathbb{R}_1 \Cap \mathbb{R}_2)$ 被称作是 $(U, V, \mathbb{R}_1)$ 与 $(U, V, \mathbb{R}_2)$ 的交集。

**定理 4.9**　设 $(U, V, \mathbb{R}_1)$ 与 $(U, V, \mathbb{R}_2)$ 是两个双论域犹豫模糊近似空间，记 $\mathbb{R} = \mathbb{R}_1 \Cup \mathbb{R}_2$。对任意的 $\mathbb{A} \in HF(V)$，则有

(1) $\overline{\mathbb{R}}(\mathbb{A}) = \overline{\mathbb{R}_1}(\mathbb{A}) \Cup \overline{\mathbb{R}_2}(\mathbb{A})$;

(2) $\underline{\mathbb{R}}(\mathbb{A}) = \underline{\mathbb{R}_1}(\mathbb{A}) \Cap \underline{\mathbb{R}_2}(\mathbb{A})$。

**证明**：(1) 对任意的 $x \in U$, 由式 (4.2) 可得，

$$\begin{aligned} h_{\overline{\mathbb{R}}(\mathbb{A})}(x) &= \veebar_{y \in V}\{h_{\mathbb{R}}(x,y) \barwedge h_{\mathbb{A}}(y)\} = \veebar_{y \in V}\{h_{\mathbb{R}_1 \Cup \mathbb{R}_2}(x,y) \barwedge h_{\mathbb{A}}(y)\} \\ &= \veebar_{y \in V}\{(h_{\mathbb{R}_1}(x,y) \veebar h_{\mathbb{R}_2}(x,y)) \barwedge h_{\mathbb{A}}(y)\} \\ &= \left\{ \bigvee_{y \in V} (h_{\mathbb{R}_1}^{\sigma(k)}(x,y) \wedge h_{\mathbb{A}}^{\sigma(k)}(y)) \vee \right. \\ &\qquad \left. \left( \bigvee_{y \in V} (h_{\mathbb{R}_2}^{\sigma(k)}(x,y) \wedge h_{\mathbb{A}}^{\sigma(k)}(y)) \right) \middle| k = 1, 2, \cdots, l_x \right\} \\ &= h_{\overline{\mathbb{R}_1}(\mathbb{A})}(x) \veebar h_{\overline{\mathbb{R}_2}(\mathbb{A})}(x) = h_{\overline{\mathbb{R}_1}(\mathbb{A}) \Cup \overline{\mathbb{R}_2}(\mathbb{A})}(x) \end{aligned}$$

这就是说，$\overline{\mathbb{R}}(\mathbb{A}) = \overline{\mathbb{R}_1}(\mathbb{A}) \Cup \overline{\mathbb{R}_2}(\mathbb{A})$。

(2) 由结论 (1) 和下、上近似的对偶性直接得证。

**定理 4.10**　设 $(U, V, \mathbb{R}_1)$ 与 $(U, V, \mathbb{R}_2)$ 是两个双论域犹豫模糊近似空间，记 $\mathbb{R} = \mathbb{R}_1 \Cap \mathbb{R}_2$。对任意的 $\mathbb{A} \in HF(V)$，则有

(1) $\overline{\mathbb{R}}(\mathbb{A}) \sqsubseteq \overline{\mathbb{R}_1}(\mathbb{A}) \Cap \overline{\mathbb{R}_2}(\mathbb{A})$;

(2) $\underline{\mathbb{R}}(\mathbb{A}) \sqsupseteq \underline{\mathbb{R}_1}(\mathbb{A}) \Cup \underline{\mathbb{R}_2}(\mathbb{A})$。

**证明**：(1) 对任意的 $x \in U$，根据式 (4.2) 可得，

$$\begin{aligned} h_{\overline{\mathbb{R}}(\mathbb{A})}(x) &= \veebar_{y \in V}\{h_{\mathbb{R}}(x,y) \barwedge h_{\mathbb{A}}(y)\} = \veebar_{y \in V}\{h_{\mathbb{R}_1 \Cap \mathbb{R}_2}(x,y) \barwedge h_{\mathbb{A}}(y)\} \\ &= \veebar_{y \in V}\{h_{\mathbb{R}_1}(x,y) \barwedge h_{\mathbb{R}_2}(x,y) \barwedge h_{\mathbb{A}}(y)\} \\ &= \left\{ \bigvee_{y \in V} (h_{\mathbb{R}_1}^{\sigma(k)}(x,y) \wedge h_{\mathbb{A}}^{\sigma(k)}(y) \wedge h_{\mathbb{R}_2}^{\sigma(k)}(x,y) \wedge h_{\mathbb{A}}^{\sigma(k)}(y)) \middle| k = 1, 2, \cdots, l_x \right\} \end{aligned}$$

$$\preceq \left\{ \bigvee_{y\in V} (h_{\mathbb{R}_1}^{\sigma(k)}(x,y) \wedge h_{\mathbb{A}}^{\sigma(k)}(y)) | k=1,2,\cdots,l_x \right\} \barwedge$$
$$\left\{ \bigvee_{y\in V} (h_{\mathbb{R}_2}^{\sigma(k)}(x,y) \wedge h_{\mathbb{A}}^{\sigma(k)}(y)) | k=1,2,\cdots,l_x \right\}$$
$$= h_{\overline{\mathbb{R}_1}(\mathbb{A})}(x) \barwedge h_{\overline{\mathbb{R}_2}(\mathbb{A})}(x) = h_{\overline{\mathbb{R}_1}(\mathbb{A}) \Cap \overline{\mathbb{R}_2}(\mathbb{A})}(x)$$

因此，$\overline{\mathbb{R}}(\mathbb{A}) \sqsubseteq \overline{\mathbb{R}_1}(\mathbb{A}) \Cap \overline{\mathbb{R}_2}(\mathbb{A})$。

(2) 证明由结论 (1) 和下、上近似的对偶性直接可得。

**例 4.2** 设 $(U,V,\mathbb{R})$ 是一个双论域犹豫模糊近似空间，其中 $U=V=\{x_1,x_2\}$。假定 $\mathbb{R}_1$ 与 $\mathbb{R}_2$ 是从 $U$ 到 $V$ 的两个犹豫模糊关系，定义如下：

$$\mathbb{R}_1 = \{ <(x_1,x_1),\{0.3,0.8\}>, <(x_1,x_2),\{0.2,0.6,0.7\}>,$$
$$<(x_2,x_1),\{0.2,0.5\}>, <(x_2,x_2),\{0.2,0.3,0.4\}>\}$$

$$\mathbb{R}_2 = \{ <(x_1,x_1),\{0.2,0.6\}>, <(x_1,x_2),\{0.3,0.5,0.8\}>,$$
$$<(x_2,x_1),\{0.1,0.6\}>, <(x_2,x_2),\{0.1,0.4,0.6\}>\}$$

于是，

$$\mathbb{R} = \mathbb{R}_1 \Cap \mathbb{R}_2 = \{ <(x_1,x_1),\{0.2,0.6\}>, <(x_1,x_2),\{0.2,0.5,0.7\}>,$$
$$<(x_2,x_1),\{0.1,0.5\}>, <(x_2,x_2),\{0.1,0.3,0.4\}>\}$$

设犹豫模糊集

$$\mathbb{A} = \{<x_1,\{0.6,0.7\}>, <x_2,\{0.3,0.8,1.0\}>\}$$

根据定义 4.3 可得

$$h_{\overline{\mathbb{R}_1}(\mathbb{A})}(x_1) = \veebar_{y\in V}\{h_{\mathbb{R}_1}(x_1,y) \barwedge h_{\mathbb{A}}(y)\}$$
$$= (\{0.3,0.8\} \barwedge \{0.6,0.7\}) \veebar (\{0.2,0.6,0.7\} \barwedge \{0.3,0.8,1.0\})$$
$$= \{0.3,0.7\} \veebar \{0.2,0.6,0.7\}$$
$$= \{0.3,0.7,0.7\}$$

$$h_{\overline{\mathbb{R}_2}(\mathbb{A})}(x_1) = \veebar_{y\in V}\{h_{\mathbb{R}_2}(x_1,y) \barwedge h_{\mathbb{A}}(y)\}$$

$$
\begin{aligned}
&= (\{0.2, 0.6\} \barwedge \{0.6, 0.7\}) \veebar (\{0.3, 0.5, 0.8\} \barwedge \{0.3, 0.8, 1.0\}) \\
&= \{0.2, 0.6\} \veebar \{0.3, 0.5, 0.8\} \\
&= \{0.3, 0.6, 0.8\}
\end{aligned}
$$

$$
\begin{aligned}
h_{\overline{\mathbb{R}}(\mathbb{A})}(x_1) &= \veebar_{y \in V} \{h_{\mathbb{R}}(x_1, y) \barwedge h_{\mathbb{A}}(y)\} \\
&= (\{0.2, 0.6\} \barwedge \{0.6, 0.7\}) \veebar (\{0.2, 0.5, 0.7\} \barwedge \{0.3, 0.8, 1.0\}) \\
&= \{0.2, 0.6\} \veebar \{0.2, 0.5, 0.7\} \\
&= \{0.2, 0.6, 0.7\}
\end{aligned}
$$

因此，

$$
h_{\overline{\mathbb{R}}(\mathbb{A})}(x_1) \neq h_{\overline{\mathbb{R}_1}(\mathbb{A}) \Cap \overline{\mathbb{R}_2}(\mathbb{A})}(x_1) = h_{\overline{\mathbb{R}_1}(\mathbb{A})}(x_1) \barwedge h_{\overline{\mathbb{R}_2}(\mathbb{A})}(x_1)
$$

综上可知，当 $\mathbb{R} = \mathbb{R}_1 \Cap \mathbb{R}_2$ 时，$\overline{\mathbb{R}}(\mathbb{A}) \neq \overline{\mathbb{R}_1}(\mathbb{A}) \Cap \overline{\mathbb{R}_2}(\mathbb{A})$。

另外，

$$
\begin{aligned}
\mathbb{R} = \mathbb{R}_1 \Cup \mathbb{R}_2 = \{ &< (x_1, x_1), \{0.3, 0.8\} >, < (x_1, x_2), \{0.3, 0.6, 0.8\} >, \\
&< (x_2, x_1), \{0.2, 0.6\} >, < (x_2, x_2), \{0.2, 0.4, 0.6\} >\}
\end{aligned}
$$

类似地，

$$
\begin{aligned}
h_{\overline{\mathbb{R}}(\mathbb{A})}(x_1) &= \veebar_{y \in V} \{h_{\mathbb{R}}(x_1, y) \barwedge h_{\mathbb{A}}(y)\} \\
&= (\{0.3, 0.8\} \barwedge \{0.6, 0.7\}) \veebar (\{0.3, 0.6, 0.8\} \barwedge \{0.3, 0.8, 1.0\}) \\
&= \{0.3, 0.7\} \veebar \{0.3, 0.6, 0.8\} \\
&= \{0.3, 0.7, 0.8\}
\end{aligned}
$$

$$
\begin{aligned}
h_{\overline{\mathbb{R}_1}(\mathbb{A})}(x_2) &= \veebar_{y \in V} \{h_{\mathbb{R}_1}(x_2, y) \barwedge h_{\mathbb{A}}(y)\} \\
&= (\{0.2, 0.5\} \barwedge \{0.6, 0.7\}) \veebar (\{0.2, 0.3, 0.4\} \barwedge \{0.3, 0.8, 1.0\}) \\
&= \{0.2, 0.5\} \veebar \{0.2, 0.3, 0.4\} \\
&= \{0.2, 0.5, 0.5\}
\end{aligned}
$$

$$
\begin{aligned}
h_{\overline{\mathbb{R}_2}(\mathbb{A})}(x_2) &= \veebar_{y\in V}\{h_{\mathbb{R}_2}(x_2,y)\barwedge h_{\mathbb{A}}(y)\}\\
&= (\{0.1,0.6\}\barwedge\{0.6,0.7\})\veebar(\{0.1,0.4,0.6\}\barwedge\{0.3,0.8,1.0\})\\
&= \{0.1,0.6\}\veebar\{0.1,0.4,0.6\}\\
&= \{0.1,0.6,0.6\}
\end{aligned}
$$

$$
\begin{aligned}
h_{\overline{\mathbb{R}}(\mathbb{A})}(x_2) &= \veebar_{y\in V}\{h_{\mathbb{R}}(x_2,y)\barwedge h_{\mathbb{A}}(y)\}\\
&= (\{0.2,0.6\}\barwedge\{0.6,0.7\})\veebar(\{0.2,0.4,0.6\}\barwedge\{0.3,0.8,1.0\})\\
&= \{0.2,0.6\}\veebar\{0.2,0.4,0.6\}\\
&= \{0.2,0.6,0.6\}
\end{aligned}
$$

综上可知，当 $\mathbb{R}=\mathbb{R}_1\Cup\mathbb{R}_2$ 时，$\overline{\mathbb{R}}(\mathbb{A})=\overline{\mathbb{R}_1}(\mathbb{A})\Cup\overline{\mathbb{R}_2}(\mathbb{A})$。

接下来，我们研究双论域上的犹豫模糊粗糙集模型的合成运算。首先，引进犹豫模糊关系的合成运算的概念。

**定义 4.7** 设 $G_1=(U,V,\mathbb{R}_1)$ 与 $G_2=(V,W,\mathbb{R}_2)$ 是两个双论域犹豫模糊近似空间。犹豫模糊关系 $\mathbb{R}_1$ 与 $\mathbb{R}_2$ 的合成是从 $U$ 到 $W$ 的一个犹豫模糊关系，记作 $\mathbb{R}=\mathbb{R}_1\circ\mathbb{R}_2$，定义如下：

$$\mathbb{R}=\{<(x,z),h_{\mathbb{R}}(x,z)>|(x,z)\in U\times W\},\forall(x,z)\in U\times W$$

其中，对任意的 $(x,y)\in U\times V,(y,z)\in V\times W$，有

$$
\begin{aligned}
h_{\mathbb{R}}(x,z) &= \veebar_{y\in V}\{h_{\mathbb{R}_1}(x,y)\barwedge h_{\mathbb{R}_2}(y,z)\}\\
&= \left\{\bigvee_{y\in V}(h_{\mathbb{R}_1}^{\sigma(k)}(x,y)\wedge h_{\mathbb{R}_2}^{\sigma(k)}(y,z))\middle|k=1,2,\cdots,l\right\}
\end{aligned}
$$

犹豫模糊近似空间 $G=(U,W,\mathbb{R})$ 被称作是 $G_1=(U,V,\mathbb{R}_1)$ 与 $G_2=(V,W,\mathbb{R}_2)$ 的合成，记作 $G=G_1\diamond G_2$。

现在，我们不禁要问“合成空间 $G$ 中的犹豫模糊粗糙近似算子与原来的两个犹豫模糊近似空间 $G_1$ 与 $G_2$ 中的犹豫模糊粗糙近似算子之间有什么关系呢”？下面的定理回答了这个问题。

**定理 4.11** 设 $G_1=(U,V,\mathbb{R}_1)$ 与 $G_2=(V,W,\mathbb{R}_2)$ 是两个双论域犹豫模糊近似空间，且 $G=G_1\diamond G_2$ 是 $G_1$ 与 $G_2$ 的合成。对任意的 $\mathbb{A}\in HF(W)$，则有

(1) $\overline{\mathbb{R}}(\mathbb{A}) = (\overline{\mathbb{R}_1} \circ \overline{\mathbb{R}_2})(\mathbb{A}) = \overline{\mathbb{R}_1}(\overline{\mathbb{R}_2}(\mathbb{A}))$;

(2) $\underline{\mathbb{R}}(\mathbb{A}) = (\underline{\mathbb{R}_1} \circ \underline{\mathbb{R}_2})(\mathbb{A}) = \underline{\mathbb{R}_1}(\underline{\mathbb{R}_2}(\mathbb{A}))$。

**证明**：(1) 对任意的 $x \in U$，由式 (4.2) 可得

$$\begin{aligned}
h_{\overline{\mathbb{R}_1}(\overline{\mathbb{R}_2}(\mathbb{A}))}(x) &= \veebar_{y\in V}\{h_{\mathbb{R}_1}(x,y) \barwedge h_{\overline{\mathbb{R}_2}(\mathbb{A})}(y)\} \\
&= \veebar_{y\in V}\{h_{\mathbb{R}_1}(x,y) \barwedge (\veebar_{z\in W}\{h_{\mathbb{R}_2}(y,z) \barwedge h_{\mathbb{A}}(z)\})\} \\
&= \left\{ \bigvee_{y\in V}\bigvee_{z\in W}(h_{\mathbb{R}_1}^{\sigma(k)}(x,y) \wedge h_{\mathbb{R}_2}^{\sigma(k)}(y,z) \wedge h_{\mathbb{A}}^{\sigma(k)}(z) \middle| k = 1,2,\cdots,l \right\} \\
&= \left\{ \bigvee_{z\in W}\left[\bigvee_{y\in V}(h_{\mathbb{R}_1}^{\sigma(k)}(x,y) \wedge h_{\mathbb{R}_2}^{\sigma(k)}(y,z))\right] \wedge h_{\mathbb{A}}^{\sigma(k)}(z) \middle| k = 1,2,\cdots,l \right\} \\
&= \left\{ \bigvee_{z\in W}(h_{\mathbb{R}}^{\sigma(k)}(x,z) \wedge h_{\mathbb{A}}^{\sigma(k)}(z) \middle| k = 1,2,\cdots,l \right\} = h_{\overline{\mathbb{R}}(\mathbb{A})}(x)
\end{aligned}$$

因此，

$$\overline{\mathbb{R}}(\mathbb{A}) = (\overline{\mathbb{R}_1} \circ \overline{\mathbb{R}_2})(\mathbb{A}) = \overline{\mathbb{R}_1}(\overline{\mathbb{R}_2}(\mathbb{A}))$$

(2) 证明根据结论 (1) 和下、上近似的对偶性直接可得。

## 4.4 基于双论域的犹豫模糊粗糙集的决策方法

为了解决本章开头提出的医疗诊断决策问题，本节基于双论域的犹豫模糊粗糙集提出一种决策方法。首先，引进 Chen 等人[29] 提出的犹豫模糊集的相关系数公式。

**定义 4.8** [29] 设 $U = \{x_1, x_2, \cdots, x_n\}$ 是有限论域集，$\mathbb{A}$ 与 $\mathbb{B}$ 是 $U$ 上的两个犹豫模糊集，分别记作 $\mathbb{A} = \{< x_i, h_{\mathbb{A}}(x_i) > | x_i \in U, i = 1,2,\cdots,n\}$ 和 $\mathbb{B} = \{< x_i, h_{\mathbb{B}}(x_i) > | x_i \in U, i = 1,2,\cdots,n\}$。两个犹豫模糊集 $\mathbb{A}$ 与 $\mathbb{B}$ 之间的相关系数 $\rho(\mathbb{A},\mathbb{B})$ 定义如下：

$$\begin{aligned}
\rho(\mathbb{A},\mathbb{B}) &= \frac{C(\mathbb{A},\mathbb{B})}{[C(\mathbb{A},\mathbb{A})]^{\frac{1}{2}} \cdot [C(\mathbb{B},\mathbb{B})]^{\frac{1}{2}}} \\
&= \frac{\sum\limits_{i=1}^{n}\left(\frac{1}{l_i}\sum\limits_{k=1}^{l_i} h_{\mathbb{A}}^{\sigma(k)}(x_i)h_{\mathbb{B}}^{\sigma(k)}(x_i)\right)}{\left[\sum\limits_{i=1}^{n}\left(\frac{1}{l_i}\sum\limits_{k=1}^{l_i}(h_{\mathbb{A}}^{\sigma(k)}(x_i))^2\right)\right]^{\frac{1}{2}} \cdot \left[\sum\limits_{i=1}^{n}\left(\frac{1}{l_i}\sum\limits_{k=1}^{l_i}(h_{\mathbb{B}}^{\sigma(k)}(x_i))^2\right)\right]^{\frac{1}{2}}}
\end{aligned}$$

式中，对任意的 $x_i \in U$，$l_i = \max\{l(h_{\mathbb{A}}(x_i)), l(h_{\mathbb{B}}(x_i))\}$。

随后，Chen 等人讨论了相关系数的性质。

**定理 4.12** [29] 两个犹豫模糊集 $\mathbb{A}$ 与 $\mathbb{B}$ 之间的相关系数 $\rho(\mathbb{A},\mathbb{B})$ 满足下面的性质：

(1) $\rho(\mathbb{A},\mathbb{B}) = \rho(\mathbb{B},\mathbb{A})$;

(2) $0 \leqslant \rho(\mathbb{A},\mathbb{B}) \leqslant 1$;

(3) $\mathbb{A} = \mathbb{B} \Rightarrow \rho(\mathbb{A},\mathbb{B}) = 1$。

文献 [6] 为了比较两个犹豫模糊元，引入了下面的分值函数的概念。

**定义 4.9** [6] 设 $h_{\mathbb{A}}(x)$ 是一个犹豫模糊元，它的分值函数记作 $s(h_{\mathbb{A}}(x))$，定义为

$$s(h_{\mathbb{A}}(x)) = \frac{\sum\limits_{\gamma \in h_{\mathbb{A}}(x)} \gamma}{l(h_{\mathbb{A}}(x))}$$

式中，$l(h_{\mathbb{A}}(x))$ 表示 $h_{\mathbb{A}}(x)$ 中元素的数量个数。

接下来，本书描绘一下实际生活中医疗诊断的背景知识。

设论域 $U = \{x_1, x_2, \cdots, x_m\}$ 是一个症状集，论域 $V = \{y_1, y_2, \cdots, y_n\}$ 是一个疾病集，$R$ 是从 $U$ 到 $V$ 的一个模糊关系。对任意的 $(x_i, y_j) \in U \times V$，$R(x_i, y_j)$ 表示症状 $x_i(x_i \in U)$ 和疾病 $y_j(y_j \in V)$ 之间关系的统计数据，它是通过大量的临床试验所得到的。在临床实际中，病人看不同的医生可能会得到不同的诊断结果，所以为了降低误诊的风险，对每个医生的诊断结果都需要仔细地分析考虑。在这种情况下，对表现出论域 $U$ 中的一些症状的病人 $\mathbb{A}$ 而言，病人 $\mathbb{A}$ 可以看作是论域 $U$ 上的一个犹豫模糊集。即，$\mathbb{A} = \{< x_i, h_{\mathbb{A}}(x_i) > | x_i \in U\}$，其中 $h_{\mathbb{A}}(x_i)$ 是区间 [0,1] 上一些不同的数值构成的集合，表示症状 $x_i \in U$ 对 $\mathbb{A}$ 的可能隶属度，它是由不同的医生评估给出的。现在，需要解决的问题就是，决策者如何做出合理的决策从而判断病人 $\mathbb{A}$ 患有哪种疾病 $y_j$。

针对这类实际问题，我们基于双论域的犹豫模糊粗糙集提出一种决策方法，具体分为以下三个步骤。

首先，计算每个病人 $\mathbb{A}$ 与 $R(x,y)$ 之间的相关系数，其中 $R(x,y)$ 表示症状 $x(x \in U)$ 与疾病 $y(y \in V)$ 之间的一个模糊关系。需要注意的是，模糊关系 $R(x,y)$ 是一个模糊集，而病人 $\mathbb{A} \in HF(U)$ 是一个犹豫模糊集。这意味着，不能直接根据定义 4.8 计算 $R(x,y)$ 与 $\mathbb{A}$ 之间的相关系数。但是，众所周知，模糊集是一种

特殊的犹豫模糊集，所以通过不断地重复模糊集中元素对集合的隶属度，模糊集就转化为犹豫模糊集。此时，根据定义 4.8 就可以计算 $R(x,y)$ 与 $\mathbb{A}$ 之间的相关系数了。

为方便起见，引进下面的度量指标，记作

$$T_1 = \{k| \max_{x\in U, y_k\in V}\{\rho(\mathbb{A}, R(x,y_k))\}\}$$

其次，根据定义 4.3，计算犹豫模糊集 $\mathbb{A}$ 关于 $(U,V,\mathbb{R})$ 的下、上近似 $\underline{\mathbb{R}}(\mathbb{A})$ 和 $\overline{\mathbb{R}}(\mathbb{A})$。

再引进下面的三个度量指标，分别记作

$$T_2 = \{i| \max_{y_i\in V}\{s(h_{\underline{\mathbb{R}}(\mathbb{A})}(y_i))\}\}$$

$$T_3 = \{j| \max_{y_j\in V}\{s(h_{\overline{\mathbb{R}}(\mathbb{A})}(y_j))\}\}$$

$$T_4 = \{l| \max_{y_l\in V}\{s(h_{\underline{\mathbb{R}}(\mathbb{A})}(y_l)) + s(h_{\overline{\mathbb{R}}(\mathbb{A})}(y_l))\}\}$$

式中，$s(\cdot)$ 表示犹豫模糊元的分值函数。

最后，对任意的 $i,j,k,l\in\{1,2,\cdots,n\}$，确立决策规则如下：

(1) 如果 $T_1\cap T_2\cap T_3\cap T_4\neq\emptyset$，那么决策者应该选择 $y_k\in V$ 作为最合适的对象，其中 $k\in T_1\cap T_2\cap T_3\cap T_4$。

(2) 如果 $T_1\cap T_2\cap T_3\cap T_4=\emptyset$，那么分为两种情况：

情况 1：若 $T_2\cap T_3\cap T_4\neq\emptyset$，则决策者应该选择 $y_k\in V$ 作为最合适的对象，其中 $k\in T_2\cap T_3\cap T_4$。

情况 2：若 $T_i\cap T_j\neq\emptyset(i\neq j$且 $i,j=2,3,4)$，则决策者应该选择 $y_k\in V$ 作为最合适的对象，其中 $k\in T_i\cap T_j$。

(3) 如果 (1) 和 (2) 都不成立，则对决策者而言没有最合适的对象，只能考虑 $y_k\in V$（其中 $k\in T_1$）作为次合适的对象。

综上所述，我们基于双论域的犹豫模糊粗糙集已经确立了一种不确定环境下的决策方法。接下来，通过两个实际决策问题说明这种方法的有效性。

首先，通过下面的例子来解决前面提出的医疗诊断问题。

**例 4.3**　设 $U=\{x_1,x_2,x_3,x_4,x_5\}$ 是症状集，其中 $x_i(i=1,2,3,4,5)$ 表示临床中疾病的五种症状，它们分别是“发烧”“头疼”“胃疼”“咳嗽”“胸疼”。论域 $V=\{y_1,y_2,y_3,y_4,y_5\}$ 是疾病集，其中 $y_j(j=1,2,3,4,5)$ 表示五种疾病，它们分别是“病毒性发热”“疟疾”“伤

寒”“胃病”“胸肺病”。设 $R$ 是从 $U$ 到 $V$ 的一个模糊关系，它来源于症状 $x_i(x_i \in U)$ 与疾病 $y_j(y_j \in V)$ 之间关系的医学知识统计数据，具体见表 4.1[65]。

**表 4.1 疾病症状统计数据**

| $R(x_i, y_j)$ | $y_1$ | $y_2$ | $y_3$ | $y_4$ | $y_5$ |
|---|---|---|---|---|---|
| $x_1$ | 0.4 | 0.7 | 0.3 | 0.1 | 0.1 |
| $x_2$ | 0.3 | 0.2 | 0.6 | 0.2 | 0.0 |
| $x_3$ | 0.1 | 0.0 | 0.2 | 0.8 | 0.2 |
| $x_4$ | 0.4 | 0.7 | 0.2 | 0.2 | 0.2 |
| $x_5$ | 0.1 | 0.1 | 0.1 | 0.2 | 0.8 |

在临床实际中，因为不同的医生具有不同的临床经验和知识背景，所以同一个病人看不同的医生可能会得到不同的诊断结果。在本例中，假定 $P = \{\mathbb{A}_1, \mathbb{A}_2, \mathbb{A}_3, \mathbb{A}_4\}$ 表示四个不同的病人，每个病人 $\mathbb{A}_i$ 都需要看三个不同的医生。为了降低误诊的风险，我们应该考虑所有的医生的诊断结果。这时，每个病人 $\mathbb{A}_i$ 都可以通过论域 $U$ 上的犹豫模糊集来刻画，表 4.2 给出了医生们对每个病人 $\mathbb{A}_i$ 的评估结果。

**表 4.2 对 $\mathbb{A}_i$ 的评估结果**

| $h_{\mathbb{A}_i}(x_j)$ | $x_1$ | $x_2$ | $x_3$ | $x_4$ | $x_5$ |
|---|---|---|---|---|---|
| $\mathbb{A}_1$ | {0.8,0.5,0.7} | {0.6,0.8,0.7} | {0.2,0.1,0.5} | {0.6,0.8,0.5} | {0.1,0.2,0.4} |
| $\mathbb{A}_2$ | {0.0,0.7,0.3} | {0.4,0.2,0.6} | {0.6,0.8,0.7} | {0.1,0.7,0.4} | {0.1,0.3,0.5} |
| $\mathbb{A}_3$ | {0.8,0.2,0.4} | {0.8,0.5,0.4} | {0.0,0.4,0.4} | {0.2,0.4,0.6} | {0.0,0.1,0.3} |
| $\mathbb{A}_4$ | {0.6,0.8,0.2} | {0.5,0.3,0.8} | {0.3,0.5,0.6} | {0.7,0.8,0.5} | {0.3,0.4,0.4} |

在表 4.2 中，对 $h_{\mathbb{A}_1}(x_3) = \{0.2, 0.1, 0.5\}$ 来说，它表示第一个医生提供可能的值 0.2 来刻画病人 $\mathbb{A}_1$ 胃疼痛程度的隶属度，第二个医生提供可能的值 0.1 来刻画病人 $\mathbb{A}_1$ 胃疼痛程度的隶属度，第三个医生提供可能的值 0.5 来刻画病人 $\mathbb{A}_1$ 胃疼痛程度的隶属度。

接下来，按照本节中决策方法的三步骤，我们详细地给出其决策过程。

首先，根据定义 4.8，计算每个病人 $\mathbb{A}_i(i = 1, 2, 3, 4)$ 与疾病 $y_j(j = 1, 2, 3, 4, 5)$ 之间的相关系数，其结果通过表 4.3 给出。

表 4.3　$\mathbb{A}_i$ 与 $y_j$ 的相关系数

| $\rho(\mathbb{A}_i, y_j)$ | $y_1$ | $y_2$ | $y_3$ | $y_4$ | $y_5$ |
|---|---|---|---|---|---|
| $\mathbb{A}_1$ | 0.9575 | 0.8513 | 0.9019 | 0.5443 | 0.4083 |
| $\mathbb{A}_2$ | 0.7107 | 0.5576 | 0.7289 | 0.8415 | 0.5242 |
| $\mathbb{A}_3$ | 0.8679 | 0.7388 | 0.8719 | 0.5593 | 0.3430 |
| $\mathbb{A}_4$ | 0.8997 | 0.7902 | 0.8250 | 0.6878 | 0.5473 |

其次，通过定义 4.3 得到 $\mathbb{A}_i$ 的下、上近似，其结果由表 4.4 给出。再根据定义 4.9 计算出 $h_{\underline{\mathbb{R}}(\mathbb{A}_i)}(y_j)$ 与 $h_{\overline{\mathbb{R}}(\mathbb{A}_i)}(y_j)$ 的分值函数，表 4.5 给出了 $h_{\underline{\mathbb{R}}(\mathbb{A}_i)}(y_j)$ 与 $h_{\overline{\mathbb{R}}(\mathbb{A}_i)}(y_j)$ 的分值函数。

表 4.4　$\mathbb{A}_i$ 的下、上近似

| $h_{\underline{\mathbb{R}}(\mathbb{A}_i)}(y_j)$, $h_{\overline{\mathbb{R}}(\mathbb{A}_i)}(y_j)$ | $y_1$ | $y_2$ | $y_3$ | $y_4$ | $y_5$ |
|---|---|---|---|---|---|
| $\underline{\mathbb{R}}(\mathbb{A}_1)$ | {0.6,0.6,0.8} | {0.5,0.6,0.8} | {0.6,0.7,0.8} | {0.2,0.2,0.5} | {0.2,0.2,0.4} |
| $\underline{\mathbb{R}}(\mathbb{A}_2)$ | {0.6,0.6,0.7} | {0.3,0.3,0.7} | {0.4,0.4,0.6} | {0.6,0.7,0.8} | {0.2,0.3,0.5} |
| $\underline{\mathbb{R}}(\mathbb{A}_3)$ | {0.6,0.6,0.6} | {0.3,0.4,0.6} | {0.4,0.5,0.8} | {0.2,0.4,0.4} | {0.2,0.2,0.3} |
| $\underline{\mathbb{R}}(\mathbb{A}_4)$ | {0.6,0.6,0.8} | {0.3,0.5,0.8} | {0.4,0.5,0.8} | {0.3,0.5,0.6} | {0.3,0.4,0.4} |
| $\overline{\mathbb{R}}(\mathbb{A}_1)$ | {0.4,0.4,0.4} | {0.5,0.7,0.7} | {0.6,0.6,0.6} | {0.2,0.2,0.5} | {0.2,0.2,0.4} |
| $\overline{\mathbb{R}}(\mathbb{A}_2)$ | {0.2,0.4,0.4} | {0.2,0.4,0.7} | {0.2,0.4,0.6} | {0.6,0.7,0.8} | {0.2,0.3,0.5} |
| $\overline{\mathbb{R}}(\mathbb{A}_3)$ | {0.3,0.4,0.4} | {0.2,0.4,0.7} | {0.4,0.5,0.6} | {0.2,0.4,0.4} | {0.2,0.2,0.3} |
| $\overline{\mathbb{R}}(\mathbb{A}_4)$ | {0.4,0.4,0.4} | {0.5,0.7,0.7} | {0.3,0.5,0.6} | {0.3,0.5,0.6} | {0.3,0.4,0.4} |

表 4.5　$h_{\underline{\mathbb{R}}(\mathbb{A}_i)}(y_j)$ 与 $h_{\overline{\mathbb{R}}(\mathbb{A}_i)}(y_j)$ 的分值函数

| $s(h_{\underline{\mathbb{R}}(\mathbb{A}_i)}(y_j))$, $s(h_{\overline{\mathbb{R}}(\mathbb{A}_i)}(y_j))$ | $y_1$ | $y_2$ | $y_3$ | $y_4$ | $y_5$ |
|---|---|---|---|---|---|
| $\underline{\mathbb{R}}(\mathbb{A}_1)$ | 0.667 | 0.633 | 0.700 | 0.300 | 0.267 |
| $\underline{\mathbb{R}}(\mathbb{A}_2)$ | 0.633 | 0.433 | 0.467 | 0.700 | 0.333 |
| $\underline{\mathbb{R}}(\mathbb{A}_3)$ | 0.600 | 0.433 | 0.567 | 0.333 | 0.233 |
| $\underline{\mathbb{R}}(\mathbb{A}_4)$ | 0.667 | 0.533 | 0.567 | 0.467 | 0.367 |
| $\overline{\mathbb{R}}(\mathbb{A}_1)$ | 0.400 | 0.633 | 0.600 | 0.300 | 0.267 |
| $\overline{\mathbb{R}}(\mathbb{A}_2)$ | 0.333 | 0.433 | 0.400 | 0.700 | 0.333 |
| $\overline{\mathbb{R}}(\mathbb{A}_3)$ | 0.367 | 0.433 | 0.500 | 0.333 | 0.233 |
| $\overline{\mathbb{R}}(\mathbb{A}_4)$ | 0.400 | 0.633 | 0.467 | 0.467 | 0.367 |

最后，根据本节中决策方法的度量指标，对病人 $\mathbb{A}_1$ 可以得到下面的结论：

$$T_1 = \{k | \max_{x \in U, y_k \in V} \{\rho(\mathbb{A}_1, R(x, y_k))\}\} = \{1\}$$

$$T_2 = \{i | \max_{y_i \in V} \{s(h_{\underline{\mathbb{R}}(\mathbb{A}_1)}(y_i))\}\} = \{3\}$$

$$T_3 = \{j | \max_{y_j \in V} \{s(h_{\overline{\mathbb{R}}(\mathbb{A}_1)}(y_j))\}\} = \{2\}$$

$$T_4=\{l|\max_{y_l\in V}\{s(h_{\underline{\mathbb{R}}(\mathbb{A}_1)}(y_l))+s(h_{\overline{\mathbb{R}}(\mathbb{A}_1)}(y_l))\}\}=\{3\}$$

容易验证 $T_2\cap T_4=\{3\}$，所以决策者选择 $y_3\in V$ 作为最合适的对象。也就是说，病人 $\mathbb{A}_1$ 患了伤寒。

类似地，根据本节的决策规则得到以下结论：病人 $\mathbb{A}_2$ 患了胃病；病人 $\mathbb{A}_3$ 也患了伤寒；病人 $\mathbb{A}_4$ 患了疟疾。

接下来，再通过一个工作招聘的决策问题来说明本节决策方法的有效性。

**例 4.4** 假设某公司因业务发展，需要在某职位上招聘工作人员一名。设现有五个应聘者竞聘这一职位，应聘者的集合记作 $U=\{u_1,u_2,\cdots,u_5\}$，它可以通过参变量集 $E=\{e_1,e_2,e_3,e_4\}$ 来刻画。对 $j=1,2,3,4$，$e_j$ 分别表示“电脑知识”“教育程度”“外语掌握熟练程度”“经验”。现在公司组织两名专家以这四个变量为依据对五个候选人进行评估。在这种情况下，这五个候选人与四个变量的关系可以通过一个犹豫模糊关系 $\mathbb{R}$ 来刻画，它的表格形式见表 4.6。

表 4.6 犹豫模糊关系 $\mathbb{R}$

| $\mathbb{R}(u_i,e_j)$ | $e_1$ | $e_2$ | $e_3$ | $e_4$ |
|---|---|---|---|---|
| $u_1$ | {0.3,0.6} | {0.7,0.8} | {0.2,0.3} | {0.8,0.9} |
| $u_2$ | {0.4,0.5} | {0.1,0.2} | {0.1,0.5} | {0.4,0.5} |
| $u_3$ | {0.2,0.4} | {0.1,0.3} | {0.5,0.8} | {0.4,0.4} |
| $u_4$ | {0.8,0.9} | {0.7,0.8} | {0.4,0.5} | {0.1,0.3} |
| $u_5$ | {0.1,0.2} | {0.6,0.9} | {0.1,0.4} | {0.3,0.7} |

为了在这个职位上招聘到合适的人选，决策者事先已经指定了最适合这个职位的理想化标准对象 $\mathbb{A}$，它是定义在参变量集 $E$ 上的一个犹豫模糊集：

$$\begin{aligned}\mathbb{A}=\{&<e_1,\{0.4,0.6\}>,<e_2,\{0.5,0.7\}>,\\&<e_3,\{0.7,0.8\}>,<e_4,\{0.1,0.2\}>\}\end{aligned}$$

类似于例 4.3，首先计算犹豫模糊集 $\mathbb{A}$ 与应聘者 $u_i(i=1,2,3,4,5)$ 之间的相关系数，其结果见表 4.7。

**表 4.7 $\mathbb{A}$ 与 $u_i$ 之间的相关系数**

| $\rho(\mathbb{A}, u_i)$ | $u_1$ | $u_2$ | $u_3$ | $u_4$ | $u_5$ |
|---|---|---|---|---|---|
| $\mathbb{A}$ | 0.7311 | 0.7588 | 0.8804 | 0.9178 | 0.7526 |

其次，根据定义 4.3，可以得到 $\mathbb{A}$ 的下、上近似如下：

$$\underline{\mathbb{R}}(\mathbb{A}) = \{ < u_1, \{0.1, 0.2\} >, < u_2, \{0.5, 0.6\} >, < u_3, \{0.6, 0.6\} >, \\ < u_4, \{0.4, 0.6\} >, < u_5, \{0.3, 0.7\} > \}$$

$$\overline{\mathbb{R}}(\mathbb{A}) = \{ < u_1, \{0.5, 0.7\} >, < u_2, \{0.4, 0.5\} >, < u_3, \{0.5, 0.8\} >, \\ < u_4, \{0.5, 0.7\} >, < u_5, \{0.5, 0.7\} > \}$$

再根据定义 4.9，计算出 $h_{\underline{\mathbb{R}}(\mathbb{A})}(u_i)$ 与 $h_{\overline{\mathbb{R}}(\mathbb{A})}(u_i)$ 的分值函数。表 4.8 给出了 $h_{\underline{\mathbb{R}}(\mathbb{A})}(u_i)$ 与 $h_{\overline{\mathbb{R}}(\mathbb{A})}(u_i)$ 的分值函数。

**表 4.8 $h_{\underline{\mathbb{R}}(\mathbb{A})}(u_i)$ 与 $h_{\overline{\mathbb{R}}(\mathbb{A})}(u_i)$ 的分值函数**

| $s(h_{\underline{\mathbb{R}}(\mathbb{A})}(u_i))$, $s(h_{\overline{\mathbb{R}}(\mathbb{A})}(u_i))$ | $u_1$ | $u_2$ | $u_3$ | $u_4$ | $u_5$ |
|---|---|---|---|---|---|
| $\underline{\mathbb{R}}(\mathbb{A})$ | 0.15 | 0.55 | 0.60 | 0.50 | 0.50 |
| $\overline{\mathbb{R}}(\mathbb{A})$ | 0.60 | 0.45 | 0.65 | 0.60 | 0.60 |

最后，根据本节中决策方法的度量指标，得到下面的结论:

$$T_1 = \{k| \max_{x \in E, u_k \in U} \{\rho(\mathbb{R}(u_k, x), \mathbb{A})\}\} = \{4\}$$

$$T_2 = \{i| \max_{u_i \in U} \{s(h_{\underline{\mathbb{R}}(\mathbb{A})}(u_i))\}\} = \{3\}$$

$$T_3 = \{j| \max_{u_j \in U} \{s(h_{\overline{\mathbb{R}}(\mathbb{A})}(u_j))\}\} = \{3\}$$

$$T_4 = \{l| \max_{u_l \in U} \{s(h_{\underline{\mathbb{R}}(\mathbb{A})}(u_l)) + s(h_{\overline{\mathbb{R}}(\mathbb{A})}(u_l))\}\} = \{3\}$$

容易看到 $T_2 \cap T_3 \cap T_4 = \{3\}$，所以决策者应该选择 $u_3 \in U$ 作为最合适的对象。这就是说，候选人 $u_3$ 是这个职位最合适的人选。

**注记 4.3** 在文献 [27] 中，Xu 和 Xia 研究了犹豫模糊元的相关系数，并且他们指出不同的相关系数公式会导致决策结果是不同的。这意味着，利用这种方法所得到的决策结果易受到人为因素的干扰，可能出现与实际情况不相符、不一致的情况。总的来说，这种方法的缺陷就是不受其他客观条件的限制，而完全依赖于犹豫模糊元的相关系数公式，所以公式不同，所得到的决策结果可能就是不同的，这显然是不符合实际的。为了弥补这个缺陷，我们基于双论域的犹豫模糊粗糙集给出了一种决策方法。这种决策方法的优点是它不仅考虑了犹豫模糊元的相关系数公式，而且也考虑了基于近似算子的度量指标等其他一些客观条件的限制，这就使得决策结果更加客观和合理。因为这种决策方法不完全依赖于相关系数公式定义的方式，所以它降低了人为因素的干扰，从而保证了决策结果的有效性和稳定性。

## 4.5 本章小结

在本章中，为了解决一类医疗诊断决策问题，我们推广第 3 章的犹豫模糊粗糙集至双论域情形，提出了一种基于双论域的犹豫模糊粗糙集模型，并且研究了该模型一些有趣的性质。然后，我们研究了双论域犹豫模糊近似空间上的犹豫模糊集的粗糙度，讨论并得到了有关这个模型的并、交及其合成运算的一些结果。最后，基于双论域上的犹豫模糊粗糙集模型，本章提出了一种新的处理不确定性问题的决策方法。并通过与 Xu 和 Xia[27] 的决策方法的比较，得到了利用新决策方法会使决策结果更加客观和合理的结论。此外，为了说明新决策方法的有效性和稳定性，我们考虑了医疗诊断和工作招聘这两类实际问题。

# 5 犹豫模糊容差粗糙集及其在基于犹豫模糊软集决策中的应用

基于一种模糊容差关系，文献 [63] 引进了双论域上的模糊粗糙集的概念。需要注意的是，这种模糊粗糙集理论不能处理群决策问题。同时，由于犹豫模糊集理论考虑了隶属度的几个可能的值，因此该理论比模糊集包含更多的信息。因此，犹豫模糊集在刻画更复杂的模糊信息方面更加客观和合理。虽然 Sun 等人 [63] 引进的双论域上的模糊粗糙集理论可以通过用普通的数字来量化决策者的想法，从而达到处理一些决策问题的目的，但是在犹豫情形下的决策行为也应该被描绘出来，而文献 [63] 引进的双论域上的模糊粗糙集恰恰缺乏这一点。如果决策行为的基本特征由 [0,1] 范围中的几个实数来刻画，就可以避免这一点。因此，推广双论域上的模糊粗糙集至犹豫模糊情形也是自然的。本章主要通过利用犹豫模糊容差关系，构建一种犹豫模糊容差粗糙集模型，该模型是对 Sun 等人提出的双论域上的模糊粗糙集的扩展。

## 5.1 模糊软集

在文献 [154] 中，Maji 等人引入了如下的模糊软集的概念。

**定义 5.1** 设 $U$ 是一个非空论域集，$E$ 是参变量集。如果存在一个映射 $F: E \to F(U)$, 其中 $F(U)$ 是 $U$ 上所有模糊子集全体的集合，则集对 $(F,E)$ 被称作是 $U$ 上的一个模糊软集。

基于上面模糊软集的概念，Cagman 等人[155] 引进了模糊软关系的概念。

**定义 5.2** 设 $(F,E)$ 是 $U$ 上的模糊软集，则 $U \times E$ 的一个模糊子集被称作是从 $U$ 到 $E$ 的模糊软关系 $R$，即，

$$R = \{< (u,x), \mu_R(u,x) > | (u,x) \in U \times E\}$$

其中 $\mu_R : U \times E \to [0,1]$，$\mu_R(u,x) = \mu_{F(x)}(u)$。

## 5.2 犹豫模糊容差粗糙集的构建

### 5.2.1 犹豫模糊容差关系

在第 4 章中引入了一种双论域上的犹豫模糊关系。接下来，基于这种犹豫模糊关系，引入几种特殊的犹豫模糊关系。

**定义 5.3** 从 $U$ 到 $V$ 的犹豫模糊关系 $\mathbb{R}$ 是串行的，对任意的 $x \in U$，如果存在一个 $y \in V$ 使 $h_{\mathbb{R}}(x,y)=\{1\}$；$U$ 上的 $\mathbb{R}$ 是自反的，对任意的 $x \in U$，如果 $h_{\mathbb{R}}(x,x)=\{1\}$；$U$ 上的 $\mathbb{R}$ 是对称的，对任意的 $x,y \in U$，如果 $h_{\mathbb{R}}(x,y)=h_{\mathbb{R}}(y,x)$；$\mathbb{R}$ 是传递的，对任意的 $x,y,z \in U$，如果 $\veebar_{y\in U}\{h_{\mathbb{R}}(x,y) \barwedge h_{\mathbb{R}}(y,z)\} \preceq h_{\mathbb{R}}(x,z)$。即，$\mathbb{R}$ 是传递的，如果

$$\bigvee_{y\in U}(h_{\mathbb{R}}^{\sigma(k)}(x,y) \wedge h_{\mathbb{R}}^{\sigma(k)}(y,z)) \leqslant h_{\mathbb{R}}^{\sigma(k)}(x,z), 1 \leqslant k \leqslant l$$

式中，$l=\max\{l(h_{\mathbb{R}}(x,y)), l(h_{\mathbb{R}}(y,z)), l(h_{\mathbb{R}}(x,z))\}$。

基于双论域上的犹豫模糊关系，犹豫模糊容差关系被引进如下：

**定义 5.4** 设 $U$ 和 $V$ 是两个非空有限论域，$\mathbb{R}$ 是从 $U$ 到 $V$ 的一个犹豫模糊关系。对任意的 $\alpha \in (0,1]$, $1 \leqslant k \leqslant l(h_{\mathbb{R}}(x,y))$, 若论域 $U$ 和 $V$ 之间的两个犹豫模糊容差关系定义如下：

$$\begin{aligned}\mathbb{R}_{\alpha} &= \{(x,y) \in U \times V | h_{\mathbb{R}}(x,y) \succeq \{\alpha\}\} \\ &= \{(x,y) \in U \times V | h_{\mathbb{R}}^{\sigma(k)}(x,y) \geqslant \alpha\}\end{aligned}$$

称 $\mathbb{R}_{\alpha}$ 为 $\mathbb{R}$ 的 $\alpha$ 水平截集；

$$\begin{aligned}\mathbb{R}_{\alpha+} &= \{(x,y) \in U \times V | h_{\mathbb{R}}(x,y) \succ \{\alpha\}\} \\ &= \{(x,y) \in U \times V | h_{\mathbb{R}}^{\sigma(k)}(x,y) > \alpha\}\end{aligned}$$

称 $\mathbb{R}_{\alpha+}$ 为 $\mathbb{R}$ 的 $\alpha$ 强水平截集。

$x \in U$ 相对于 $\mathbb{R}_{\alpha}$ 和 $\mathbb{R}_{\alpha+}$ 的两个后继邻域分别给出如下：

$$\begin{aligned}\mathbb{R}_{\alpha}(x) &= \{y \in V | h_{\mathbb{R}}(x,y) \succeq \{\alpha\}\} \\ &= \{y \in V | h_{\mathbb{R}}^{\sigma(k)}(x,y) \geqslant \alpha\}\end{aligned}$$

$$\mathbb{R}_{\alpha+}(x) = \{y \in V | h_{\mathbb{R}}(x,y) \succ \{\alpha\}\}$$
$$= \{y \in V | h_{\mathbb{R}}^{\sigma(k)}(x,y) > \alpha\}$$

根据定义 5.4, 如果 $(x,y) \in \mathbb{R}_\alpha$, 则 $x$ 和 $y$ 相对于犹豫模糊关系 $\mathbb{R}$ 的关联隶属度不少于 $\alpha$。如果 $(x,y) \in \mathbb{R}_{\alpha+}$, 则 $x$ 和 $y$ 相对于犹豫模糊关系 $\mathbb{R}$ 的关联隶属度大于 $\alpha$。

接下来，几种特殊的犹豫模糊容差关系将被引进。我们仅以犹豫模糊容差关系 $\mathbb{R}_\alpha$ 为例，其他的犹豫模糊容差关系 $\mathbb{R}_{\alpha+}$ 与 $\mathbb{R}_\alpha$ 是类似的。

**定义 5.5** 给定从 $U$ 到 $V$ 的一个犹豫模糊容差关系 $\mathbb{R}_\alpha$, 称 $\mathbb{R}_\alpha$ 是串行的，如果对每个 $x \in U$, 都存在一个 $y \in V$ 使得 $y \in \mathbb{R}_\alpha(x)$。

给定 $U$ 上的一个犹豫模糊关系 $\mathbb{R}$，$\mathbb{R}_\alpha$ 是 $U$ 上的一个犹豫模糊容差关系。

(1) 对每个 $x \in U$, 如果 $x \in \mathbb{R}_\alpha(x)$, 则称犹豫模糊容差关系 $\mathbb{R}_\alpha$ 是自反的。

(2) 对每个 $x, y \in U$, 如果 $y \in \mathbb{R}_\alpha(x)$ 蕴含 $x \in \mathbb{R}_\alpha(y)$, 则称犹豫模糊容差关系 $\mathbb{R}_\alpha$ 是对称的。

(3) 对每个 $x, y, z \in U$, 如果 $y \in \mathbb{R}_\alpha(x)$ 和 $z \in \mathbb{R}_\alpha(y)$ 蕴含 $z \in \mathbb{R}_\alpha(x)$, 则称犹豫模糊容差关系 $\mathbb{R}_\alpha$ 是传递的。

**定理 5.1** 设 $\mathbb{R}$ 从 $U$ 到 $V$ 的一个犹豫模糊容差关系，$\mathbb{R}_\alpha$ 是 $U$ 到 $V$ 上的一个犹豫模糊容差关系。如果 $\mathbb{R}$ 是串行的，则 $\mathbb{R}_\alpha$ 和 $\mathbb{R}_{\alpha+}$ 是串行的。

设 $\mathbb{R}$ 是 $U$ 上的一个犹豫模糊关系，$\mathbb{R}_\alpha$ 是 $U$ 上的一个犹豫模糊容差关系，则

(1) 如果 $\mathbb{R}$ 是自反的，$\mathbb{R}_\alpha$ 和 $\mathbb{R}_{\alpha+}$ 是自反的。

(2) 如果 $\mathbb{R}$ 是对称的，$\mathbb{R}_\alpha$ 和 $\mathbb{R}_{\alpha+}$ 是对称的。

(3) 如果 $\mathbb{R}$ 是传递的，$\mathbb{R}_\alpha$ 和 $\mathbb{R}_{\alpha+}$ 是传递的。

**证明**：结论 (1)、(2) 和 (3) 是显然的。下面仅证明结论 (4) 是成立的。

对任意的 $y \in \mathbb{R}_\alpha(x)$ 和 $z \in \mathbb{R}_\alpha(y)$, 根据定义 5.4, 我们得到 $h_{\mathbb{R}}^{\sigma(k)}(x,y) \geqslant \alpha$, $h_{\mathbb{R}}^{\sigma(k)}(y,z) \geqslant \alpha$。因此，$\bigvee_{y \in U} (h_{\mathbb{R}}^{\sigma(k)}(x,y) \wedge h_{\mathbb{R}}^{\sigma(k)}(y,z)) \geqslant \alpha$。注意到 $\mathbb{R}$ 是传递的，由

定义 5.3 可得 $h_{\mathbb{R}}^{\sigma(k)}(x,z) \geqslant \bigvee_{y\in U}(h_{\mathbb{R}}^{\sigma(k)}(x,y)\wedge h_{\mathbb{R}}^{\sigma(k)}(y,z)) \geqslant \alpha$。即，$h_{\mathbb{R}}^{\sigma(k)}(x,z) \geqslant \alpha$，这意味着 $z \in \mathbb{R}_\alpha(x)$。由以上的讨论，可得结论 $\mathbb{R}_\alpha$ 是传递的。类似的，可以证明 $\mathbb{R}_{\alpha+}$ 是传递的。

**定理 5.2** 设 $\mathbb{R}_\alpha$ 是 $U$ 到 $V$ 的一个犹豫模糊容差关系，则

(1) $(\sim\mathbb{R})_\alpha = \sim\mathbb{R}_{(1-\alpha)+}$，$(\sim\mathbb{R})_{\alpha+} = \sim\mathbb{R}_{1-\alpha}$；

(2) $\mathbb{R}\sqsubseteq\mathbb{S} \Longrightarrow \mathbb{R}_\alpha\subseteq\mathbb{S}_\alpha, \mathbb{R}_{\alpha+}\subseteq\mathbb{S}_{\alpha+}$；

(3) $\alpha\leqslant\beta \Longrightarrow \mathbb{R}_\beta\subseteq\mathbb{R}_\alpha, \mathbb{R}_{\beta+}\subseteq\mathbb{R}_{\alpha+}$；

(4) $(\mathbb{R}\Cap\mathbb{S})_\alpha = \mathbb{R}_\alpha\cap\mathbb{S}_\alpha$，$(\mathbb{R}\Cap\mathbb{S})_{\alpha+} = \mathbb{R}_{\alpha+}\cap\mathbb{S}_{\alpha+}$；

(5) $(\mathbb{R}\Cup\mathbb{S})_\alpha = \mathbb{R}_\alpha\cup\mathbb{S}_\alpha$，$(\mathbb{R}\Cup\mathbb{S})_{\alpha+} = \mathbb{R}_{\alpha+}\cup\mathbb{S}_{\alpha+}$。

**证明**：结论 (1) 因为 $h_{(\sim\mathbb{R})}(x,y) = \{1-h_{\mathbb{R}}^{\sigma(k)}(x,y)|k=1,\cdots,l(h_{\mathbb{R}}(x,y))\}$，根据定义 5.4 可得 $(\sim\mathbb{R})_\alpha = \{(x,y)|1-h_{\mathbb{R}}^{\sigma(k)}(x,y)\geqslant\alpha\} = \{(x,y)|h_{\mathbb{R}}^{\sigma(k)}(x,y)\leqslant 1-\alpha\}$。注意到 $\mathbb{R}_{(1-\alpha)+} = \{(x,y)|h_{\mathbb{R}}^{\sigma(k)}(x,y) > 1-\alpha\}$，所以 $\sim\mathbb{R}_{(1-\alpha)+} = \{(x,y)|h_{\mathbb{R}}^{\sigma(k)}(x,y)\leqslant 1-\alpha\}$，从而 $(\sim\mathbb{R})_\alpha = \sim\mathbb{R}_{(1-\alpha)+}$。类似的，可以证明 $(\sim\mathbb{R})_{\alpha+} = \sim\mathbb{R}_{1-\alpha}$。

结论 (2) 和 (3) 根据定义 5.4 直接得证。

结论 (4) 由于 $h_{(\mathbb{R}\Cap\mathbb{S})}(x,y) = \{h_{\mathbb{A}}^{\sigma(k)}(x,y)\wedge h_{\mathbb{B}}^{\sigma(k)}(x,y)|\ k=1,2,\cdots,l\}$，所以

$$
\begin{aligned}
(\mathbb{R}\Cap\mathbb{S})_\alpha &= \{(x,y)|h_{\mathbb{A}}^{\sigma(k)}(x,y)\wedge h_{\mathbb{B}}^{\sigma(k)}(x,y)\geqslant\alpha\} \\
&= \{(x,y)|h_{\mathbb{A}}^{\sigma(k)}(x,y)\geqslant\alpha\}\cap\{h_{\mathbb{B}}^{\sigma(k)}(x,y)\geqslant\alpha\} \\
&= \mathbb{R}_\alpha\cap\mathbb{S}_\alpha
\end{aligned}
$$

类似的，可以证明 $(\mathbb{R}\Cap\mathbb{S})_{\alpha+} = \mathbb{R}_{\alpha+}\cap\mathbb{S}_{\alpha+}$。

结论 (5) 因为 $h_{(\mathbb{R}\Cup\mathbb{S})}(x,y) = \{h_{\mathbb{A}}^{\sigma(k)}(x,y)\vee h_{\mathbb{B}}^{\sigma(k)}(x,y)|\ k=1,2,\cdots,l\}$，所以

$$
\begin{aligned}
(\mathbb{R}\Cup\mathbb{S})_\alpha &= \{(x,y)|h_{\mathbb{A}}^{\sigma(k)}(x,y)\vee h_{\mathbb{B}}^{\sigma(k)}(x,y)\geqslant\alpha\} \\
&= \{(x,y)|h_{\mathbb{A}}^{\sigma(k)}(x,y)\geqslant\alpha\}\cup\{h_{\mathbb{B}}^{\sigma(k)}(x,y)\geqslant\alpha\} \\
&= \mathbb{R}_\alpha\cup\mathbb{S}_\alpha
\end{aligned}
$$

类似的，可以证明 $(\mathbb{R}\Cup\mathbb{S})_{\alpha+} = \mathbb{R}_{\alpha+}\cup\mathbb{S}_{\alpha+}$。

### 5.2.2 犹豫模糊容差粗糙集

本节利用犹豫模糊容差关系 $\mathbb{R}_\alpha$，引入如下的犹豫模糊容差粗糙集。

**定义 5.6** 设 $U$ 和 $V$ 是两个非空有限论域，$\mathbb{R}_\alpha$ 是从 $U$ 到 $V$ 一个犹豫模糊容差关系，则三元组 $(U,V,\mathbb{R}_\alpha)$ 被称作是一个犹豫模糊容差近似空间。对任意的 $A\in P(V)$, $A$ 相对于 $(U,V,\mathbb{R}_\alpha)$ 的下、上近似分别记作 $\underline{\mathbb{R}_\alpha}(A)$ 和 $\overline{\mathbb{R}_\alpha}(A)$, 其定义如下：

$$\underline{\mathbb{R}_\alpha}(A)=\{x\in U|\mathbb{R}_\alpha(x)\subseteq A\} \tag{5.1}$$

$$\overline{\mathbb{R}_\alpha}(A)=\{x\in U|\mathbb{R}_\alpha(x)\cap A\neq\emptyset\} \tag{5.2}$$

$\underline{\mathbb{R}_\alpha}(\mathbb{A})$ 与 $\overline{\mathbb{R}_\alpha}(\mathbb{A})$ 分别被称作是 $\mathbb{A}$ 相对于 $(U,V,\mathbb{R}_\alpha)$ 的下、上近似。我们称集对 $(\underline{\mathbb{R}_\alpha}(\mathbb{A}),\overline{\mathbb{R}_\alpha}(\mathbb{A}))$ 为 $\mathbb{A}$ 相对于 $(U,V,\mathbb{R}_\alpha)$ 的犹豫模糊容差粗糙集，$\underline{\mathbb{R}_\alpha},\overline{\mathbb{R}_\alpha}:P(V)\to P(U)$ 分别为下、上犹豫模糊容差粗糙近似算子。

此外，$A$ 关于 $\mathbb{R}_\alpha$ 的正域 $pos_{\mathbb{R}_\alpha}(A)$，负域 $neg_{\mathbb{R}_\alpha}(A)$ 及其边界域 $bn_{\mathbb{R}_\alpha}(A)$ 分别定义为：$pos_{\mathbb{R}_\alpha}(A)=\underline{\mathbb{R}_\alpha}(A)$, $neg_{\mathbb{R}_\alpha}(A)=U-\overline{\mathbb{R}_\alpha}(A)$, $bn_{\mathbb{R}_\alpha}(A)=\overline{\mathbb{R}_\alpha}(A)-\underline{\mathbb{R}_\alpha}(A)$。

在定义 5.6 中，$A$ 相对于 $(U,V,\mathbb{R}_\alpha)$ 的下、上近似首次被引进。类似的，$A$ 相对于 $(U,V,\mathbb{R}_{\alpha+})$ 的下、上近似被给出如下：

$$\underline{\mathbb{R}_{\alpha+}}(A)=\{x\in U|\mathbb{R}_{\alpha+}(x)\subseteq A\} \tag{5.3}$$

$$\overline{\mathbb{R}_{\alpha+}}(A)=\{x\in U|\mathbb{R}_{\alpha+}(x)\cap A\neq\emptyset\} \tag{5.4}$$

在后面的小节中，仅考虑相对于 $(U,V,\mathbb{R}_\alpha)$ 的下、上近似。

**注记 5.1** 值得注意的是，如果犹豫模糊关系 $\mathbb{R}$ 退化为模糊关系，则定义 5.6 中的犹豫模糊容差粗糙集就变为文献 [63] 中的双论域上的模糊粗糙集。

**注记 5.2** 在定义 5.6 中，如果 $\alpha=1$，$h_{\mathbb{R}}(x,y)$ 仅有一个元素，则犹豫模糊关系 $\mathbb{R}$ 变为普通的二元关系。在这种情况下，犹豫模糊容差粗糙集就退化为文献 [156] 中的广义普通粗糙集模型。

**注记 5.3** 如果犹豫模糊元 $h_{\mathbb{R}}(x,y)$ 中仅有一个元素，$\alpha=1$ 且 $U=V$, 则犹豫模糊关系 $\mathbb{R}$ 为 $U$ 上的一个普通二元关系。此外，如果犹豫模糊关系 $\mathbb{R}$ 是自反的、对称的、传递的，则根据定理 5.1，犹豫模糊容差粗糙集就退化为经典的 Pawlak 粗糙集模型。

**定理 5.3** 设 $(U, V, \mathbb{R}_\alpha)$ 是犹豫模糊容差近似空间，则下面的性质成立：$\forall A, B \in P(V)$,

(HFCL1) $\underline{\mathbb{R}_\alpha}(A) = \sim \overline{\mathbb{R}_\alpha}(\sim A)$;

(HFCU1) $\overline{\mathbb{R}_\alpha}(A) = \sim \underline{\mathbb{R}_\alpha}(\sim A)$;

(HFCL2) $A \subseteq B \Rightarrow \underline{\mathbb{R}_\alpha}(A) \subseteq \underline{\mathbb{R}_\alpha}(B)$;

(HFCU2) $A \subseteq B \Rightarrow \overline{\mathbb{R}_\alpha}(A) \subseteq \overline{\mathbb{R}_\alpha}(B)$;

(HFCL3) $\underline{\mathbb{R}_\alpha}(A \cap B) = \underline{\mathbb{R}_\alpha}(A) \cap \underline{\mathbb{R}_\alpha}(B)$;

(HFCU3) $\overline{\mathbb{R}_\alpha}(A \cup B) = \overline{\mathbb{R}_\alpha}(A) \cup \overline{\mathbb{R}_\alpha}(B)$;

(HFCL4) $\underline{\mathbb{R}_\alpha}(A \cup B) \supseteq \underline{\mathbb{R}_\alpha}(A) \cup \underline{\mathbb{R}_\alpha}(B)$;

(HFCU4) $\overline{\mathbb{R}_\alpha}(A \cap B) \subseteq \overline{\mathbb{R}_\alpha}(A) \cap \overline{\mathbb{R}_\alpha}(B)$;

(HFCL5) $\underline{\mathbb{R}_\alpha}(V) = U$;

(HFCU5) $\overline{\mathbb{R}_\alpha}(\emptyset) = \emptyset$。

**证明**：根据定义 5.6，结论很容易证明。

定理 5.3 表明，犹豫模糊容差粗糙近似算子 $\overline{\mathbb{R}_\alpha}$ 与 $\underline{\mathbb{R}_\alpha}$ 是彼此对偶的。

下面的两个结论是很容易验证的。

**定理 5.4** 设 $U$ 和 $V$ 是两个非空有限论域，$\mathbb{R}_{\alpha_1}$ 与 $\mathbb{R}_{\alpha_2}$ 是两个犹豫模糊容差关系，其中 $\alpha_1, \alpha_2 \in (0,1]$ 且 $\alpha_1 \leqslant \alpha_2$。对任意的 $A \in P(V)$，则下面性质成立：

(1) $\underline{\mathbb{R}_{\alpha_1}}(A) \subseteq \underline{\mathbb{R}_{\alpha_2}}(A)$;

(2) $\overline{\mathbb{R}_{\alpha_1}}(A) \supseteq \overline{\mathbb{R}_{\alpha_2}}(A)$。

**定理 5.5** 设 $U$ 和 $V$ 是两个非空有限论域，$\mathbb{R}$ 与 $\mathbb{S}$ 是从 $U$ 到 $V$ 的两个犹豫模糊关系。对任意的 $A \in P(V)$，如果 $\mathbb{R} \sqsubseteq \mathbb{S}$，则

(1) $\underline{\mathbb{S}_\alpha}(A) \subseteq \underline{\mathbb{R}_\alpha}(A)$;

(2) $\overline{\mathbb{R}_\alpha}(A) \subseteq \overline{\mathbb{S}_\alpha}(A)$。

接下来，进一步研究几种特殊的犹豫模糊容差关系和犹豫模糊容差粗糙近似算子性质之间的关系。

**定理 5.6** 设 $\mathbb{R}_\alpha$ 是从 $U$ 到 $V$ 一个犹豫模糊容差关系，$\underline{\mathbb{R}_\alpha}$ 与 $\overline{\mathbb{R}_\alpha}$ 分别为下、上犹豫模糊容差近似算子，则 $\mathbb{R}_\alpha$ 是串行的，当且仅当下面

的性质其中之一成立：

(HFCL0) $\underline{\mathbb{R}_\alpha}(\emptyset) = \emptyset$；

(HFCU0) $\overline{\mathbb{R}_\alpha}(V) = U$；

(HFCLU0) $\underline{\mathbb{R}_\alpha}(A) \subseteq \overline{\mathbb{R}_\alpha}(A), \forall A \in P(V)$。

**定理 5.7** 设 $\mathbb{R}_\alpha$ 是 $U$ 上的犹豫模糊容差关系，$\underline{R}_\alpha, \overline{R}_\alpha$ 是由 $(U, \mathbb{R}_\alpha)$ 诱导的犹豫模糊容差近似算子，则 $\forall A \in P(U)$,

(1) $\mathbb{R}_\alpha$是自反的 $\Longleftrightarrow$ (HFCLR) $\underline{\mathbb{R}_\alpha}(A) \subseteq A$

$\Longleftrightarrow$ (HFCUR) $A \subseteq \overline{\mathbb{R}_\alpha}(A)$。

(2) $\mathbb{R}_\alpha$是对称的 $\Longleftrightarrow$ (HFCLS) $\overline{\mathbb{R}_\alpha}(\underline{\mathbb{R}_\alpha}(A)) \subseteq A$

$\Longleftrightarrow$ (HFCUS) $A \subseteq \underline{\mathbb{R}_\alpha}(\overline{\mathbb{R}_\alpha}(A))$。

(3) $\mathbb{R}_\alpha$是传递的 $\Longleftrightarrow$ (HFCLT) $\underline{\mathbb{R}_\alpha}(A) \subseteq \underline{\mathbb{R}_\alpha}(\underline{\mathbb{R}_\alpha}(A))$

$\Longleftrightarrow$ (HFCUT) $\overline{\mathbb{R}_\alpha}(\overline{\mathbb{R}_\alpha}(A)) \subseteq \overline{\mathbb{R}_\alpha}(A)$。

**证明：**(1) 根据犹豫模糊容差近似算子的对偶性质，我们需要证明 $\mathbb{R}$ 是自反的 $\Longleftrightarrow$ (HFCUR) $A \subseteq \overline{\mathbb{R}_\alpha}(A)$。

如果 $A \not\subseteq \overline{\mathbb{R}_\alpha}(A)$, 则存在一个 $x_0 \in A$ 使 $x_0 \notin \overline{\mathbb{R}_\alpha}(A)$。这意味着 $\mathbb{R}_\alpha(x_0) \cap A = \emptyset$, 从而 $\mathbb{R}_\alpha(x_0) = \emptyset$。这与 $\mathbb{R}_\alpha$ 的自反性矛盾。因此，结论 (HFCUR) 成立。

相反的，假设 (HFCUR) 成立。令 $A = \{x\}$, 则 $x \in \overline{\mathbb{R}_\alpha}(\{x\})$, 从而 $\mathbb{R}_\alpha(x) \cap \{x\} \neq \emptyset$。这就是说，$x \in \mathbb{R}_\alpha(x)$。因此，$\mathbb{R}_\alpha$ 是自反的。

(2) 基于犹豫模糊容差近似算子的对偶性质，需要证明 $\mathbb{R}_\alpha$ 是对称的 $\Longleftrightarrow$ (HFCUS) $A \subseteq \underline{\mathbb{R}_\alpha}(\overline{\mathbb{R}_\alpha}(A))$。

假设 $\mathbb{R}_\alpha$ 是对称的。对任意的 $x \in A$，$y \in \mathbb{R}_\alpha(x)$, 通过假设有 $x \in \mathbb{R}_\alpha(y)$，从而 $\mathbb{R}_\alpha(y) \cap A \neq \emptyset$, 这意味着 $y \in \overline{\mathbb{R}_\alpha}(A)$，于是 $\mathbb{R}_\alpha(x) \subseteq \overline{\mathbb{R}_\alpha}(A)$。根据式 (5.1), 得到 $x \in \underline{\mathbb{R}_\alpha}(\overline{\mathbb{R}_\alpha}(A))$。因此，$A \subseteq \underline{\mathbb{R}_\alpha}(\overline{\mathbb{R}_\alpha}(A))$。

相反的，假设 $A \subseteq \underline{\mathbb{R}_\alpha}(\overline{\mathbb{R}_\alpha}(A))$，令 $A = \{x\}$, 则 $x \in \underline{\mathbb{R}_\alpha}(\overline{\mathbb{R}_\alpha}(\{x\}))$，于是 $\mathbb{R}_\alpha(x) \subseteq \overline{\mathbb{R}_\alpha}(\{x\})$。对任意的 $y \in \mathbb{R}_\alpha(x)$, 我们有 $y \in \overline{\mathbb{R}_\alpha}(\{x\})$, 于是 $\mathbb{R}_\alpha(y) \cap \{x\} \neq \emptyset$, 即 $x \in \mathbb{R}_\alpha(y)$。因此，得到结论 $\mathbb{R}_\alpha$ 是对称的。

(3) 由于 (HFCLT) 与 (HFCUT) 是等价的, 仅需证明 $\mathbb{R}_\alpha$ 是传递的 $\Longleftrightarrow$ (HFCUT)。

假设 $\mathbb{R}_\alpha$ 是传递的。对任意的 $x \in \overline{\mathbb{R}_\alpha}(\overline{\mathbb{R}_\alpha}(A))$, 根据式 (5.2), 得到 $\mathbb{R}_\alpha(x) \cap \overline{\mathbb{R}_\alpha}(A) \neq \emptyset$, 从而存在一个 $y \in \mathbb{R}_\alpha(x)$ 使 $y \in \overline{\mathbb{R}_\alpha}(A)$。因此 $\mathbb{R}_\alpha(y) \cap A \neq \emptyset$。这

就是说，存在一个 $z \in \mathbb{R}_\alpha(y)$ 使得 $z \in A$。因为 $\mathbb{R}_\alpha$ 是传递的，所以对任意的 $x, y, z \in U$, $y \in \mathbb{R}_\alpha(x)$，$z \in \mathbb{R}_\alpha(y)$ 蕴含 $z \in \mathbb{R}_\alpha(x)$。从而 $\mathbb{R}_\alpha(x) \cap A \neq \emptyset$, 这意味着，$x \in \overline{\mathbb{R}_\alpha}(A)$。因此，$\overline{\mathbb{R}_\alpha}(\overline{\mathbb{R}_\alpha}(A)) \subseteq \overline{\mathbb{R}_\alpha}(A)$。

相反的，假设 $\overline{\mathbb{R}_\alpha}(\overline{\mathbb{R}_\alpha}(A)) \subseteq \overline{\mathbb{R}_\alpha}(A)$，令 $A = \{z\}$, 则有 $\overline{\mathbb{R}_\alpha}(\overline{\mathbb{R}_\alpha}(\{z\})) \subseteq \overline{\mathbb{R}_\alpha}(\{z\})$。另一方面，假设 $y \in \mathbb{R}_\alpha(x)$，$z \in \mathbb{R}_\alpha(y)$。对任意的 $z \in \mathbb{R}_\alpha(y)$, 得到 $y \in \overline{\mathbb{R}_\alpha}(\{z\})$, 从而 $\mathbb{R}_\alpha(x) \cap \overline{\mathbb{R}_\alpha}(\{z\}) \neq \emptyset$, 这意味着 $x \in \overline{\mathbb{R}_\alpha}(\overline{\mathbb{R}_\alpha}(\{z\}))$。即 $x \in \overline{\mathbb{R}_\alpha}(\{z\})$。根据式 (5.2)，我们有 $\mathbb{R}_\alpha(x) \cap \{z\} \neq \emptyset$, 从而 $z \in \mathbb{R}_\alpha(x)$。因此，我们得到结论 $\mathbb{R}_\alpha$ 是传递的。

根据定理 5.7, 下面的结论是显然成立的。

**推论 5.1** 设 $\mathbb{R}_\alpha$ 是一个满足自反性和传递性的犹豫模糊容差关系，$\underline{\mathbb{R}_\alpha}, \overline{\mathbb{R}_\alpha}$ 是下、上犹豫模糊容差近似算子，则，$\forall A \in P(U)$,

(HFCLRT) $\underline{\mathbb{R}_\alpha}(A) = \underline{\mathbb{R}_\alpha}(\underline{\mathbb{R}_\alpha}(A))$;

(HFCURT) $\overline{\mathbb{R}_\alpha}(\overline{\mathbb{R}_\alpha}(A)) = \overline{\mathbb{R}_\alpha}(A)$。

## 5.3 犹豫模糊容差近似空间中普通集合的粗糙度

本节将研究犹豫模糊容差近似空间中普通集合的粗糙度。首先，孤点集的概念引进如下：

**定义 5.7** 设 $\mathbb{R}_\alpha$ 是从 $U$ 到 $V$ 的一个犹豫模糊容差关系。对任意的 $x \in U$, 如果 $\mathbb{R}_\alpha(x) = \emptyset$, 则 $x$ 称作是相对于 $\mathbb{R}_\alpha$ 的孤点元素。称相对于 $\mathbb{R}_\alpha$ 的所有孤点元素的集合为孤点集，其给出如下：

$$S = \{x \in U | \mathbb{R}_\alpha(x) = \emptyset\}$$

值得注意的是，定理 5.6 中的结论 (HFCLU0) 只有在 $\mathbb{R}_\alpha$ 是串行时才成立。

基于定义 5.7、定义 5.5 及其定义 5.6, 下面的结论是显然成立的。

**定理 5.8** 设 $(U, V, \mathbb{R}_\alpha)$ 是一个犹豫模糊容差近似空间，$\underline{R_\alpha}$ 与 $\overline{R_\alpha}$ 是由 $(U, V, \mathbb{R}_\alpha)$ 诱导的两个犹豫模糊容差近似算子，则

(1) 如果 $\mathbb{R}$ 是串行的，当且仅当 $S = \emptyset$;

(2) $\underline{\mathbb{R}_\alpha}(A) - S \subseteq \overline{\mathbb{R}_\alpha}(A)$, $\forall A \in P(V)$。

接下来，基于定理 5.8 中的结果 (2)，引进犹豫模糊容差近似空间 $(U, V, \mathbb{R}_\alpha)$ 中的普通集合 $A$ 的粗糙度与近似精度。但是为了方便起见，本节假定 $S = \emptyset$。

**定义 5.8** 对任意的 $A \in P(V)$, 集合 $A$ 关于 $\mathbb{R}_\alpha$ 的粗糙度 $\rho_A^{\mathbb{R}_\alpha}$ 定义如下：

$$\rho_A^{\mathbb{R}_\alpha} = 1 - \frac{|\underline{\mathbb{R}_\alpha}(A)|}{|\overline{\mathbb{R}_\alpha}(A)|}$$

式中，$|\cdot|$ 表示集合的基数。

如果 $\overline{\mathbb{R}_\alpha}(A) = \emptyset$, 定义 $\rho_A^{\mathbb{R}_\alpha} = 0$。$\eta_A^{\mathbb{R}_\alpha} = \dfrac{|\underline{\mathbb{R}_\alpha}(A)_\alpha|}{|\overline{\mathbb{R}_\alpha}(A)|}$ 被称作是 $A$ 关于 $\mathbb{R}_\alpha$ 的近似精度。

根据定义 5.8，定理 5.8(2) 及其假设，显然 $0 \leqslant \rho_A^{\mathbb{R}_\alpha} \leqslant 1$，$0 \leqslant \eta_A^{\mathbb{R}_\alpha} \leqslant 1$。

**定理 5.9** 设 $U$ 和 $V$ 是两个非空有限论域，$\alpha, \beta \in (0,1]$，$\alpha \leqslant \beta$。对任意的 $A \in P(V)$, 则有

(1) $\rho_A^{\mathbb{R}_\alpha} \geqslant \rho_A^{\mathbb{R}_\beta}$；

(2) $\eta_A^{\mathbb{R}_\alpha} \leqslant \eta_A^{\mathbb{R}_\beta}$。

**定理 5.10** 设 $U$ 和 $V$ 是两个非空有限论域，$\mathbb{R}$ , $\mathbb{S}$ 是从 $U$ 到 $V$ 两个犹豫模糊关系，且 $\mathbb{R} \sqsubseteq \mathbb{S}$。对任意的 $A \in P(V)$, 则有

(1) $\rho_A^{\mathbb{R}_\alpha} \leqslant \rho_A^{\mathbb{S}_\alpha}$；

(2) $\eta_A^{\mathbb{R}_\alpha} \geqslant \eta_A^{\mathbb{S}_\alpha}$。

**证明**：根据定义 5.8 与定理 5.5，证明是容易的。

**定理 5.11** 设 $(U, V, \mathbb{R}_\alpha)$ 是一个犹豫模糊容差近似空间。对任意的 $\mathbb{A}, \mathbb{B} \in P(V)$, 则

(1) $\rho_{A\cup B}^{\mathbb{R}_\alpha}|\overline{\mathbb{R}_\alpha}(A) \cup \overline{\mathbb{R}_\alpha}(B)| \leqslant \rho_A^{\mathbb{R}_\alpha}|\overline{\mathbb{R}_\alpha}(A)| + \rho_B^{\mathbb{R}_\alpha}|\overline{\mathbb{R}_\alpha}(B)| - \rho_{A\cap B}^{\mathbb{R}_\alpha}|\overline{\mathbb{R}_\alpha}(A) \cap \overline{\mathbb{R}_\alpha}(B)|$;

(2) $\eta_{A\cup B}^{\mathbb{R}_\alpha}|\overline{\mathbb{R}_\alpha}(A) \cup \overline{\mathbb{R}_\alpha}(B)| \geqslant \eta_A^{\mathbb{R}_\alpha}|\overline{\mathbb{R}_\alpha}(A)| + \eta_B^{\mathbb{R}_\alpha}|\overline{\mathbb{R}_\alpha}(B)| - \eta_{A\cap B}^{\mathbb{R}_\alpha}|\overline{\mathbb{R}_\alpha}(A) \cap \overline{\mathbb{R}_\alpha}(B)|$。

**证明**：我们仅证明结论 (1)。

根据定理 5.3 与定义 5.8, 有

$$\rho_{A\cup B}^{\mathbb{R}_\alpha} = 1 - \frac{|\underline{\mathbb{R}_\alpha}(A \cup B)|}{|\overline{\mathbb{R}_\alpha}(A \cup B)|} = 1 - \frac{|\underline{\mathbb{R}_\alpha}(A \cup B)|}{|\overline{\mathbb{R}_\alpha}(A) \cup \overline{\mathbb{R}_\alpha}(B)|} \leqslant 1 - \frac{|\underline{\mathbb{R}_\alpha}(A) \cup \underline{\mathbb{R}_\alpha}(B)|}{|\overline{\mathbb{R}_\alpha}(A) \cup \overline{\mathbb{R}_\alpha}(B)|}$$

因此，$\rho_{A\cup B}^{\mathbb{R}_\alpha}|\overline{\mathbb{R}_\alpha}(A) \cup \overline{\mathbb{R}_\alpha}(B)| \leqslant |\overline{\mathbb{R}_\alpha}(A) \cup \overline{\mathbb{R}_\alpha}(B)| - |\underline{\mathbb{R}_\alpha}(A) \cup \underline{\mathbb{R}_\alpha}(B)|$。

类似的，我们有

$$\rho_{A\cap B}^{\mathbb{R}_\alpha}=1-\frac{|\underline{\mathbb{R}_\alpha}(A\cap B)|}{|\overline{\mathbb{R}_\alpha}(A\cap B)|}=1-\frac{|\underline{\mathbb{R}_\alpha}(A)\cap\underline{\mathbb{R}_\alpha}(B)|}{|\overline{\mathbb{R}_\alpha}(A\cap B)|}\leqslant 1-\frac{|\underline{\mathbb{R}_\alpha}(A)\cap\underline{\mathbb{R}_\alpha}(B)|}{|\overline{\mathbb{R}_\alpha}(A)\cap\overline{\mathbb{R}_\alpha}(B)|}$$

从而 $\rho_{A\cap B}^{\mathbb{R}_\alpha}|\overline{\mathbb{R}_\alpha}(A)\cap\overline{\mathbb{R}_\alpha}(B)|\leqslant|\overline{\mathbb{R}_\alpha}(A)\cap\overline{\mathbb{R}_\alpha}(B)|-|\underline{\mathbb{R}_\alpha}(A)\cap\underline{\mathbb{R}_\alpha}(B)|$。

另一方面，由于 $|X\cup Y|=|X|+|Y|-|X\cap Y|$, 所以

$$\begin{aligned}\rho_{A\cup B}^{\mathbb{R}_\alpha}|\overline{\mathbb{R}_\alpha}(A)\cup\overline{\mathbb{R}_\alpha}(B)|&\leqslant|\overline{\mathbb{R}_\alpha}(A)|+|\overline{\mathbb{R}_\alpha}(B)|-|\overline{\mathbb{R}_\alpha}(A)\cap\overline{\mathbb{R}_\alpha}(B)|-\\&\quad|\underline{\mathbb{R}_\alpha}(A)|-|\underline{\mathbb{R}_\alpha}(B)|+|\underline{\mathbb{R}_\alpha}(A)\cap\underline{\mathbb{R}_\alpha}(B)|\\&=|\overline{\mathbb{R}_\alpha}(A)|+|\overline{\mathbb{R}_\alpha}(B)|-|\underline{\mathbb{R}_\alpha}(A)|-|\underline{\mathbb{R}_\alpha}(B)|-\\&\quad(|\overline{\mathbb{R}_\alpha}(A)\cap\overline{\mathbb{R}_\alpha}(B)|-|\underline{\mathbb{R}_\alpha}(A)\cap\underline{\mathbb{R}_\alpha}(B)|)\\&\leqslant|\overline{\mathbb{R}_\alpha}(A)|+|\overline{\mathbb{R}_\alpha}(B)|-|\underline{\mathbb{R}_\alpha}(A)|-|\underline{\mathbb{R}_\alpha}(B)|-\\&\quad\rho_{A\cap B}^{\mathbb{R}_\alpha}|\overline{\mathbb{R}_\alpha}(A)\cap\overline{\mathbb{R}_\alpha}(B)|\end{aligned}$$

同时，

$$\begin{aligned}&\rho_{A\cup B}^{\mathbb{R}_\alpha}|\overline{\mathbb{R}_\alpha}(A)\cup\overline{\mathbb{R}_\alpha}(B)|\leqslant(|\overline{\mathbb{R}_\alpha}(A)|-|\underline{\mathbb{R}_\alpha}(A)|)+\\&\quad(|\overline{\mathbb{R}_\alpha}(B)|-|\underline{\mathbb{R}_\alpha}(B)|)-\rho_{A\cap B}^{\mathbb{R}_\alpha}|\overline{\mathbb{R}_\alpha}(A)\cap\overline{\mathbb{R}_\alpha}(B)|\\&=\rho_{A}^{\mathbb{R}_\alpha}|\overline{\mathbb{R}_\alpha}(A)|+\rho_{B}^{\mathbb{R}_\alpha}|\overline{\mathbb{R}_\alpha}(B)|-\rho_{A\cap B}^{\mathbb{R}_\alpha}|\overline{\mathbb{R}_\alpha}(A)\cap\overline{\mathbb{R}_\alpha}(B)|\end{aligned}$$

## 5.4 犹豫模糊容差粗糙集在基于犹豫模糊软集决策中的应用

本节主要考虑犹豫模糊容差粗糙集在基于犹豫模糊软集决策中的应用。首先，引进由 Babitha 等人[157] 提出的犹豫模糊软集的概念。

**定义 5.9** [157] 设 $U$ 是一个非空有限论域集，$E$ 是参数论域集。如果存在一个映射 $F:E\to HF(U)$, 其中 $HF(U)$ 是 $U$ 上的所有犹豫模糊子集的集合，则 $(F,E)$ 称作是 $U$ 上的一个犹豫模糊软集。

由定义 5.9 可知，$\forall x\in E, F(x)=\{<u,h_{F(x)}(u)>|u\in U\}\in HF(U)$, 其中 $h_{F(x)}(u)$ 是 [0,1] 中几个数值的集合。

沿着文献 [155] 的思路，我们引进如下的犹豫模糊软关系。

**定义 5.10** 设 $(F,E)$ 是 $U$ 上的犹豫模糊软集，则 $U\times E$ 上的犹豫模糊子集被称作是从 $U$ 到 $E$ 的一个犹豫模糊软关系，即，$R=\{<(u,x),h_R(u,x)>|(u,x)\in U\times E\}$，其中 $h_R:U\times E\to[0,1]$，$h_R(u,x)=h_{F(x)}(u)$。

值得注意的是，如果 $V=E$，则犹豫模糊关系退化为犹豫模糊软关系。这就是说，犹豫模糊软关系是犹豫模糊关系的一种特殊情形。

设 $U=\{u_1,u_2,\cdots,u_m\}$，$E=\{x_1,x_2,\cdots,x_n\}$。犹豫模糊软关系 $R$ 可以表示为表 5.1。

**表 5.1 犹豫模糊软关系**

| $R$ | $x_1$ | $x_2$ | $\cdots$ | $x_n$ |
|---|---|---|---|---|
| $u_1$ | $h_R(u_1,x_1)$ | $h_R(u_1,x_2)$ | $\cdots$ | $h_R(u_1,x_n)$ |
| $u_2$ | $h_R(u_2,x_1)$ | $h_R(u_2,x_2)$ | $\cdots$ | $h_R(u_2,x_n)$ |
| $\vdots$ | $\vdots$ | $\vdots$ | $\ddots$ | $\vdots$ |
| $u_m$ | $h_R(u_m,x_1)$ | $h_R(u_m,x_2)$ | $\cdots$ | $h_R(u_m,x_n)$ |

根据表 5.1 和定义 5.10可知，每个犹豫模糊软集 $(F,E)$ 独一无二地可以由犹豫模糊软关系刻画。反过来，一个犹豫模糊软关系独一无二地可以由犹豫模糊软集 $(F,E)$ 刻画。因此，任何一个犹豫模糊软集及其对应的犹豫模糊软关系可任意交换，即它们是等价的。后文中，有关对犹豫模糊软集的讨论都可以转化为对犹豫模糊软关系的分析。

接下来，应用定义 5.6 给出的犹豫模糊容差粗糙集模型，基于犹豫模糊软集研究群决策问题。

假设 $U=\{u_1,u_2,\cdots,u_m\}$ 是目标集的有限论域，$E=\{\varepsilon_1,\varepsilon_2,\cdots,\varepsilon_n\}$ 是参数集，$\mathfrak{G}=(F,E)$ 是论域 $U$ 上的犹豫模糊软集，$R$ 是由犹豫模糊软集 $\mathfrak{G}$ 诱导的一个犹豫模糊软关系。正如前面的结论所言，犹豫模糊软集 $\mathfrak{G}$ 与犹豫模糊软关系 $R$ 是等价的。在后文中，$U$ 上的犹豫模糊软集 $\mathfrak{G}$ 指的是犹豫模糊软关系 $R$。

给定阈值 $\alpha$ 作为隶属度的最低临界值。一般来说，由决策者提前给定的阈值 $\alpha$ 可以反映出决策者对隶属度水平的需求。如果 $u_i$ 与 $\varepsilon_j$ 有关系 $R_\alpha$，即，$(u_i,\varepsilon_j)\in R_\alpha$，这意味着目标对象 $u_i$ 相对于参数 $\varepsilon_j$ 的隶属度不小于 $\alpha$。

实际生活中，对一个对象进行评价是通过不同的专家进行评估，不同的专家由于知识层次和社会经验不同，可能得到不同的评价结果。为了使最后的决策结果更加合理，应需要考虑所有的专家意见。假设阈值 $\alpha$ 表示不同专家提前给出的隶属度的最低需求。对任意的一个参数集 $A\subseteq E$，$u_i\in\underline{R_\alpha}(A)$，通过计算 $u_i$

的选择值 $c(u_i)$, 应该选择具有最大选择值的评价对象作为最优目标。如果 $u_i \in \overline{R_\alpha}(A) - \underline{R_\alpha}(A)$, 即，$u_i \in bn_{R_\alpha}(A)$, 这意味着目前为止不能确定评价对象 $u_i$ 是否能作为最优对象。在这种情况下，决策者为了决定是否能将评价对象 $u_i$ 作为最优对象可以实施第二种选择。如果 $u_i \in U - \overline{R_\alpha}(A)$, 则评价对象 $u_i$ 不能作为最优对象。

基于上面的分析可知，由于新的决策方法依赖于隶属度的阈值，所以最终的决策结果可能随着阈值的不同而不同。由此，新方法实际上可以作为基于犹豫模糊软集的一种调整决策方法。实际生活中，由于人类的主观能动性，没有人能提供唯一的方法和标准来评价候选对象。因此，基于犹豫模糊软集的群体决策的可调整方法更为合理和科学。

为了验证新方法，考虑下面的例子。

**例 5.1** 假设一个公司招募员工，有 8 个候选人参与招聘。设 $U = \{u_1, u_2, \cdots, u_8\}$ 是 8 个候选人的集合，$E = \{\varepsilon_1, \varepsilon_2, \cdots, \varepsilon_6\}$ 是参数集。对 $i = 1, 2, \cdots, 6$, 参数 $\varepsilon_i$ 分别表示“电脑知识”“受教育程度”“外语熟练程度”“培训”“年龄”和“经验”。公司邀请 3 个专家对这 8 个候选人进行评估。为了让决策结果更加合理，我们应该仔细考虑所有专家的意见。在这种情况下，8 个候选人相对于 6 个参数的特征可以通过犹豫模糊软集 $\mathfrak{S} = (F, E)$ 刻画，$\mathfrak{S} = (F, E)$ 的表格形式见表 5.2。

**表 5.2 犹豫模糊软集 $\mathfrak{S} = (F, E)$**

| $R(u_i, \varepsilon_j)$ | $\varepsilon_1$ | $\varepsilon_2$ | $\varepsilon_3$ | $\varepsilon_4$ | $\varepsilon_5$ | $\varepsilon_6$ |
|---|---|---|---|---|---|---|
| $u_1$ | {0.4,0.4,0.5} | {0.2,0.3,0.4} | {0.6,0.8,0.6} | {0.6,0.7,0.8} | {0.4,0.5,0.8} | {0.2,0.5,0.3} |
| $u_2$ | {0.5,0.7,0.8} | {0.7,0.9,0.8} | {0.6,0.6,0.7} | {0.4,0.5,0.6} | {0.5,0.7,0.8} | {0.3,0.4,0.4} |
| $u_3$ | {0.2,0.4,0.5} | {0.3,0.5,0.4} | {0.4,0.5,0.7} | {0.5,0.6,0.5} | {0.3,0.2,0.3} | {0.6,0.6,0.7} |
| $u_4$ | {0.6,0.7,0.7} | {0.7,0.8,0.9} | {0.3,0.5,0.6} | {0.2,0.3,0.5} | {0.5,0.6,0.8} | {0.5,0.4,0.2} |
| $u_5$ | {0.8,0.9,0.7} | {0.4,0.5,0.3} | {0.4,0.5,0.5} | {0.5,0.6,0.4} | {0.6,0.7,0.8} | {0.5,0.7,0.8} |
| $u_6$ | {0.4,0.2,0.5} | {0.6,0.7,0.5} | {0.4,0.7,0.6} | {0.4,0.6,0.7} | {0.5,0.4,0.7} | {0.6,0.6,0.7} |
| $u_7$ | {0.2,0.3,0.5} | {0.5,0.7,0.7} | {0.6,0.7,0.8} | {0.3,0.5,0.5} | {0.6,0.7,0.7} | {0.2,0.4,0.4} |
| $u_8$ | {0.4,0.5,0.5} | {0.4,0.5,0.6} | {0.7,0.8,0.8} | {0.2,0.3,0.3} | {0.5,0.6,0.7} | {0.3,0.5,0.5} |

在表 5.2 中，以犹豫模糊元 $\{0.5, 0.7, 0.8\}$ 为例。它表示虽然我们不能精确地描绘出候选人 $u_2$ 对电脑知识掌握的熟练程度，但是候选人 $u_2$ 对电脑知识掌握的熟练程度可以通过三个可能的值 0.5, 0.7, 0.8 来刻画。现在人力资源部的一个专家考虑参数集 $A = \{\varepsilon_1, \varepsilon_2, \varepsilon_4, \varepsilon_6\}$ 对 8 个

候选人进行评估。

首先，令 $\alpha = 0.5$, 由定义 5.4 可得如下的犹豫模糊容差关系 $\mathbb{R}_{0.5}$:

$R_{0.5}(u_1) = \{\varepsilon_3, \varepsilon_4\}$, $R_{0.5}(u_2) = \{\varepsilon_1, \varepsilon_2, \varepsilon_3, \varepsilon_5\}$, $R_{0.5}(u_3) = \{\varepsilon_4, \varepsilon_6\}$, $R_{0.5}(u_4) = \{\varepsilon_1, \varepsilon_2, \varepsilon_5\}$, $R_{0.5}(u_5) = \{\varepsilon_1, \varepsilon_5, \varepsilon_6\}$, $R_{0.5}(u_6) = \{\varepsilon_2, \varepsilon_6\}$, $R_{0.5}(u_7) = \{\varepsilon_2, \varepsilon_3, \varepsilon_5\}$, $R_{0.5}(u_8) = \{\varepsilon_3, \varepsilon_5\}$。

$R_{0.5}$ 的表格形式见表 5.3。

**表 5.3 犹豫模糊容差关系 $R_{0.5}$**

| $R_{0.5}$ | $\varepsilon_1$ | $\varepsilon_2$ | $\varepsilon_3$ | $\varepsilon_4$ | $\varepsilon_5$ | $\varepsilon_6$ |
|---|---|---|---|---|---|---|
| $u_1$ | 0 | 0 | 1 | 1 | 0 | 0 |
| $u_2$ | 1 | 1 | 1 | 0 | 1 | 0 |
| $u_3$ | 0 | 0 | 0 | 1 | 0 | 1 |
| $u_4$ | 1 | 1 | 0 | 0 | 1 | 0 |
| $u_5$ | 1 | 0 | 0 | 0 | 1 | 1 |
| $u_6$ | 0 | 1 | 0 | 0 | 0 | 1 |
| $u_7$ | 0 | 1 | 1 | 0 | 1 | 0 |
| $u_8$ | 0 | 0 | 1 | 0 | 1 | 0 |

其次，根据定义 5.6, $A$ 的下、上近似分别计算如下：

$$\underline{R_{0.5}}(A) = \{u_3, u_6\},\ \overline{R_{0.5}}(A) = \{u_1, u_2, u_3, u_4, u_5, u_6, u_7\}$$

此外，分别得到 $A$ 的边界域和负域如下：

$$bn_{R_{0.5}}(A) = \overline{R_{0.5}}(A) - \underline{R_{0.5}}(A) = \{u_1, u_2, u_4, u_5, u_7\},\ neg_{R_{0.5}}(A) = \{u_8\}$$

根据定义 5.8, 分别计算 $A$ 的近似精度 $\eta_A^{R_{0.5}}$ 和粗糙度 $\rho_A^{R_{0.5}}$ 如下：

$$\eta_A^{R_{0.5}} = \frac{|\underline{R_{0.5}}(A)|}{|\overline{R_{0.5}}(A)|} = 0.286,\ \rho_A^{R_{0.5}} = 1 - \eta_A^{R_{0.5}} = 0.714$$

最后，基于以上分析，得到如下结论：

(1) 由于 $c(u_3) = c(u_6) = 2$, 应该选择候选人 $u_3$ 和 $u_6$ 作为最优对象。

(2) 目前为止，不能确定候选人 $u_1$、$u_2$、$u_4$、$u_5$ 和 $u_7$ 是否能作为最优对象，他们是否能作为最优对象取决于采用第二次选择。

(3) 候选人 $u_8$ 不能作为最优对象。

第二次，令 $\alpha = 0.6$, 由定义 5.4 可得犹豫模糊容差关系 $\mathbb{R}_{0.6}$ 如下：

$R_{0.6}(u_1) = \{\varepsilon_3, \varepsilon_4\}, R_{0.6}(u_2) = \{\varepsilon_2, \varepsilon_3\}, R_{0.6}(u_3) = \{\varepsilon_6\}, R_{0.6}(u_4) = \{\varepsilon_1, \varepsilon_2\}$

$R_{0.6}(u_5) = \{\varepsilon_1, \varepsilon_5\}, R_{0.6}(u_6) = \{\varepsilon_6\}, R_{0.6}(u_7) = \{\varepsilon_3, \varepsilon_5\}, R_{0.6}(u_8) = \{\varepsilon_3\}$

$R_{0.6}$ 的表格形式见表 5.4。

**表 5.4 犹豫模糊容差关系 $R_{0.6}$**

| $R_{0.6}$ | $\varepsilon_1$ | $\varepsilon_2$ | $\varepsilon_3$ | $\varepsilon_4$ | $\varepsilon_5$ | $\varepsilon_6$ |
|---|---|---|---|---|---|---|
| $u_1$ | 0 | 0 | 1 | 1 | 0 | 0 |
| $u_2$ | 0 | 1 | 1 | 0 | 0 | 0 |
| $u_3$ | 0 | 0 | 0 | 0 | 0 | 1 |
| $u_4$ | 1 | 1 | 0 | 0 | 0 | 0 |
| $u_5$ | 1 | 0 | 0 | 0 | 1 | 0 |
| $u_6$ | 0 | 0 | 0 | 0 | 0 | 1 |
| $u_7$ | 0 | 0 | 1 | 0 | 1 | 0 |
| $u_8$ | 0 | 0 | 1 | 0 | 0 | 0 |

其次，根据定义 5.6, $A$ 的下、上近似分别计算如下：

$$\underline{R_{0.6}}(A) = \{u_3, u_4, u_6\}$$

$$\overline{R_{0.6}}(A) = \{u_1, u_2, u_3, u_4, u_5, u_6\}$$

此外，得到 $A$ 的边界域和负域分别如下：

$bn_{R_{0.6}}(A) = \overline{R_{0.6}}(A) - \underline{R_{0.6}}(A) = \{u_1, u_2, u_5\}$, $neg_{R_{0.6}}(A) = \{u_7, u_8\}$

根据定义 5.8, 得到 $A$ 的近似精度 $\eta_A^{R_{0.6}}$ 和粗糙度 $\rho_A^{R_{0.6}}$ 如下：

$$\eta_A^{R_{0.6}} = \frac{|\underline{R_{0.6}}(A)|}{|\overline{R_{0.6}}(A)|} = 0.5,\ \rho_A^{R_{0.6}} = 1 - \eta_A^{R_{0.6}} = 0.5$$

最后，基于以上分析，得到结论如下：

(1) 由于 $c(u_3) = c(u_6) = 1$, $c(u_4) = 2$, 所以选择候选人 $u_4$ 作为最佳候选人。

(2) 目前为止，不能确定是否候选人 $u_1$、$u_2$ 和 $u_5$ 能作为最佳候选人，他们是否能作为最佳候选人取决于第二次选择。

(3) 候选人 $u_7$ 和 $u_8$ 不能作为最佳候选人。

基于以上的分析可知，当阈值 $\alpha = 0.5$，近似精度 $\eta_A^{R_{0.5}} = 0.286$ 时，$u_3$ 和 $u_6$ 能作为最佳候选人，$u_8$ 不能作为最佳候选人。此外，当阈值 $\alpha = 0.6$，近似精度 $\eta_A^{R_{0.5}} = 0.5$ 时，$u_4$ 能作为最佳候选人，$u_7$ 和 $u_8$ 不能作为最佳候选人。这就是说，随着近似精度的增加，决策的精度将会增加。因此，新提出的粗糙集方法可以指导决策者降低决策风险，在犹豫模糊环境下使得决策结果更加科学、准确。

## 5.5 新方法与 Feng 等人的模糊软集决策方法的比较

在文献 [158] 中，Feng 等人用水平软集建立了模糊软集的可调整决策方法。本节将新提出的方法与 Feng 等人的方法进行比较，说明本节提出的方法比 Feng 等人的方法更加有效和合理。

算法 5.1[158] 步骤如下：

(1) 输入模糊软集 $\mathfrak{S}=(F,A)$。

(2) 输入一个阈值模糊集 $\lambda: A\to[0,1]$ 进行决策。

(3) 相对于阈值模糊集 $\lambda$，计算 $\mathfrak{S}$ 的水平软集 $L(\mathfrak{S};\lambda)$。

(4) 以表格形式表示出水平软集 $L(\mathfrak{S};\lambda)$。对任意的 $x_j\in U$, 计算 $x_j$ 的选择值 $c_j$。

(5) 如果 $c_k=\max\limits_{j} c_j$, 最优决策是选择 $x_k$。

(6) 如果 $k$ 不止一个值，则 $x_k$ 的任意一个都可以选择作为最优对象。

将新提出的方法与算法 5.1 进行比较，我们发现这两种方法可以处理不同的决策问题：前一种用于群决策问题，而后一种则不能。但是，两种方法的共同点是，我们可以得到水平软集。在这种情况下，重新考虑例 5.1。为了与这两种方法进行比较，我们将直接从它们的共同点——水平软集开始。基于 Feng 等人的方法，我们可以得出以下结论：

(1) 如果 $\alpha=0.5$, $c(u_1)=1$, $c(u_2)=c(u_3)=c(u_4)=c(u_5)=c(u_6)=2$, $c(u_7)=1$, $c(u_8)=0$。这种情况下，$u_2$、$u_3$、$u_4$、$u_5$ 和 $u_6$ 都能选择作为最优对象。

(2) 如果 $\alpha=0.6$, $c(u_1)=c(u_2)=c(u_3)=c(u_5)=c(u_6)=1$, $c(u_4)=2$, $c(u_7)=c(u_8)=0$。这种情况下，$u_4$ 能选择作为最优对象。

正如前面所说，应用新提出的方法，当 $\alpha=0.5$，得到 $u_3$ 和 $u_6$ 被选择作为最优对象；当 $\alpha=0.6$, $u_4$ 被选择作为最优对象。比较这两种方法，结果表明我们提出的方法比 Feng 等人的方法更有效和合理。

在以上讨论的基础上，与基于模糊软集的决策方法相比，基于犹豫模糊容差粗糙集的新型决策方法的优点可列举如下：

(1) 新方法可以处理群体决策问题，而 Feng 等人的方法则不能。

(2) 众所周知，模糊集是犹豫集的特例。因此，模糊软集的决策方法不能应用于犹豫模糊软环境。但是反过来，新的犹豫软集决策方法却可以成功地应用于模糊软环境中。

(3) Feng 等人的方法只能获得最佳选择。但是，通过使用新的决策方法，我们可以获得最佳替代方案，并找出哪些候选方案可能是最佳替代方案，哪些候选方案不应成为最佳替代方案。因此，处理决策问题的新方法比 Feng 等人的方法更加灵活和合理。

(4) 算法 5.1 直接选择具有最大选择值的评价对象作为最佳选择。但是，新提出的方法通过计算 $\underline{R_\alpha}(A)$, 选择 $\underline{R_\alpha}(A)$ 中具有最大选择值的评价对象作为最优对象。因此，在决策过程中，我们的新方法比 Feng 等人[158] 的方法更加合理可行。

## 5.6 本章小结

本章基于犹豫模糊容差关系 $\mathbb{R}_\alpha$，引进了一种犹豫模糊容差粗糙集模型，研究了该模型的性质。最后，通过应用这种新的粗糙集模型，确立了犹豫模糊软集的一种决策方法，并通过一个实例论证了新决策方法在犹豫模糊软环境中的科学性和合理性。

# 6 广义犹豫模糊相似空间上的多粒度犹豫模糊粗糙集

第 3 章改进了 Yang 等人[57] 提出的犹豫模糊粗糙集，引进了一种新的犹豫模糊粗糙集模型。从粒计算的角度来看，这种新的犹豫模糊粗糙集模型可以被看作是单粒度犹豫模糊粗糙集。在本章中，受 Qian 等人提出的多粒度粗糙集的启发，我们把多粒度粗糙集与犹豫模糊集结合起来，推广第 3 章的犹豫模糊粗糙集模型至多粒度环境，从而构建两种多粒度犹豫模糊粗糙集模型：(1) 乐观多粒度犹豫模糊粗糙集模型；(2) 悲观多粒度犹豫模糊粗糙集模型，其中它们的近似空间都是由多个犹豫模糊相似关系来刻画。

## 6.1 犹豫模糊相似空间上的单粒度犹豫模糊粗糙集

第 3 章用一般的犹豫模糊关系构建了一种犹豫模糊粗糙集模型。本节中，为了更好地研究多粒度环境下的犹豫模糊粗糙集模型的性质，则需要引进一种特殊的犹豫模糊关系——犹豫模糊相似关系，用这种关系来构造一种特殊的犹豫模糊粗糙集，即犹豫模糊相似空间上的单粒度犹豫模糊粗糙集。首先引进犹豫模糊相似关系的概念。

**定义 6.1** 设 $U$ 是一个非空有限论域集。如果论域 $U$ 上的犹豫模糊关系 $\mathbb{R}$ 是自反且对称的，则称 $\mathbb{R}$ 是 $U$ 上的一个犹豫模糊相似关系。

**定义 6.2** 设 $U$ 是一个非空有限论域集，$\mathbb{R}$ 是 $U$ 上的犹豫模糊相似关系，则集对 $(U,\mathbb{R})$ 被称作是一个犹豫模糊相似近似空间。对任意的 $\mathbb{A} \in HF(U)$，犹豫模糊集 $\mathbb{A}$ 关于犹豫模糊相似近似空间 $(U,\mathbb{R})$ 的下、上近似是两个犹豫模糊集，分别记作 $\underline{\mathbb{R}}(\mathbb{A})$ 和 $\overline{\mathbb{R}}(\mathbb{A})$，它们被定义如下:

$$\underline{\mathbb{R}}(\mathbb{A}) = \{< x, h_{\underline{\mathbb{R}}(\mathbb{A})}(x) > | x \in U\} \tag{6.1}$$

$$\overline{\mathbb{R}}(\mathbb{A}) = \{< x, h_{\overline{\mathbb{R}}(\mathbb{A})}(x) > | x \in U\} \tag{6.2}$$

其中

$$h_{\underline{\mathbb{R}}(\mathbb{A})}(x) = \barwedge_{y\in U}\{h_{\mathbb{R}^c}(x,y) \veebar h_{\mathbb{A}}(y)\}$$

$$h_{\overline{\mathbb{R}}(\mathbb{A})}(x) = \veebar_{y\in U}\{h_{\mathbb{R}}(x,y) \barwedge h_{\mathbb{A}}(y)\}$$

$\underline{\mathbb{R}}(\mathbb{A})$ 与 $\overline{\mathbb{R}}(\mathbb{A})$ 分别被称作是 $\mathbb{A}$ 关于犹豫模糊相似近似空间 $(U,\mathbb{R})$ 的单粒度犹豫模糊下、上近似。集对 $(\underline{\mathbb{R}}(\mathbb{A}),\overline{\mathbb{R}}(\mathbb{A}))$ 被称作是 $\mathbb{A}$ 关于 $(U,\mathbb{R})$ 的单粒度犹豫模糊粗糙集，$\underline{\mathbb{R}},\overline{\mathbb{R}}: HF(U)\to HF(U)$ 分别被称作是单粒度犹豫模糊下、上粗糙近似算子。

类似于定义 3.3 中犹豫模糊集的下、上近似形式，我们有

$$h_{\underline{\mathbb{R}}(\mathbb{A})}(x) = \left\{\bigwedge_{y\in U} h_{\mathbb{R}^c}^{\sigma(k)}(x,y)\vee h_{\mathbb{A}}^{\sigma(k)}(y)|k=1,2,\cdots,l_x\right\}$$

$$h_{\overline{\mathbb{R}}(\mathbb{A})}(x) = \left\{\bigvee_{y\in U} h_{\mathbb{R}}^{\sigma(k)}(x,y)\wedge h_{\mathbb{A}}^{\sigma(k)}(y)|k=1,2,\cdots,l_x\right\}$$

式中，$l_x=\max\max_{y\in U}\{l(h_{\mathbb{R}}(x,y)),l(h_{\mathbb{A}}(y))\}$。

根据第 3 章的定理 3.1、定理 3.3 及其定理 3.4，我们知道下面的两个定理仍然是成立的。

**定理 6.1** 设 $(U,\mathbb{R})$ 是一个犹豫模糊相似近似空间。对任意的 $\mathbb{A}\in HF(U)$，$\mathbb{A}$ 关于 $(U,\mathbb{R})$ 的单粒度犹豫模糊下、上近似满足下面的性质：

(1) $\underline{\mathbb{R}}(\mathbb{A})\sqsubseteq\mathbb{A}$;

(2) $\overline{\mathbb{R}}(\mathbb{A})\sqsupseteq\mathbb{A}$;

(3) $\underline{\mathbb{R}}(\mathbb{A}^c)=(\overline{\mathbb{R}}(\mathbb{A}))^c$;

(4) $\overline{\mathbb{R}}(\mathbb{A}^c)=(\underline{\mathbb{R}}(\mathbb{A}))^c$;

(5) $\underline{\mathbb{R}}(\mathbb{U})=\overline{\mathbb{R}}(\mathbb{U})=\mathbb{U}$;

(6) $\overline{\mathbb{R}}(\emptyset)=\underline{\mathbb{R}}(\emptyset)=\emptyset$。

**定理 6.2** 设 $(U,\mathbb{R})$ 是一个犹豫模糊相似近似空间，则由 $(U,\mathbb{R})$ 诱导出来的单粒度犹豫模糊下、上近似满足下面的性质：$\forall\mathbb{A},\mathbb{B}\in HF(U)$,

(1) $\underline{\mathbb{R}}(\mathbb{A}\Cap\mathbb{B})=\underline{\mathbb{R}}(\mathbb{A})\Cap\underline{\mathbb{R}}(\mathbb{B})$;

(2) $\overline{\mathbb{R}}(\mathbb{A}\Cup\mathbb{B})=\overline{\mathbb{R}}(\mathbb{A})\Cup\overline{\mathbb{R}}(\mathbb{B})$;

(3) $\mathbb{A} \sqsubseteq \mathbb{B} \Rightarrow \underline{\mathbb{R}}(\mathbb{A}) \sqsubseteq \underline{\mathbb{R}}(\mathbb{B})$;

(4) $\mathbb{A} \sqsubseteq \mathbb{B} \Rightarrow \overline{\mathbb{R}}(\mathbb{A}) \sqsubseteq \overline{\mathbb{R}}(\mathbb{B})$;

(5) $\underline{\mathbb{R}}(\mathbb{A} \Cup \mathbb{B}) \sqsupseteq \underline{\mathbb{R}}(\mathbb{A}) \Cup \underline{\mathbb{R}}(\mathbb{B})$;

(6) $\overline{\mathbb{R}}(\mathbb{A} \Cap \mathbb{B}) \sqsubseteq \overline{\mathbb{R}}(\mathbb{A}) \Cap \overline{\mathbb{R}}(\mathbb{B})$。

**定理 6.3** 设 $U$ 是一个非空有限论域集，$\mathbb{R}_1$ 和 $\mathbb{R}_2$ 是 $U$ 上的两个犹豫模糊关系。如果 $\mathbb{R}_1 \sqsubseteq \mathbb{R}_2$，则下面结论成立：

(1) $\underline{\mathbb{R}_1}(\mathbb{A}) \sqsupseteq \underline{\mathbb{R}_2}(\mathbb{A}), \forall \mathbb{A} \in HF(U)$;

(2) $\overline{\mathbb{R}_1}(\mathbb{A}) \sqsubseteq \overline{\mathbb{R}_2}(\mathbb{A}), \forall \mathbb{A} \in HF(U)$。

**证明**：结论 (1) 对任意的 $(x,y) \in U \times U$，由 $\mathbb{R}_1 \sqsubseteq \mathbb{R}_2$ 可得 $h_{\mathbb{R}_1^c}^{\sigma(k)}(x,y) \geqslant h_{\mathbb{R}_2^c}^{\sigma(k)}(x,y)$。另一方面，对任意的 $x \in U$，由式 (6.1) 可得

$$\begin{aligned} h_{\underline{\mathbb{R}_1}(\mathbb{A})}(x) &= \overline{\wedge}_{y\in U}\{h_{\mathbb{R}_1^c}(x,y) \veebar h_{\mathbb{A}}(y)\} \\ &= \left\{ \bigwedge_{y\in U} (h_{\mathbb{R}_1^c}^{\sigma(k)}(x,y) \vee h_{\mathbb{A}}^{\sigma(k)}(y)) | k=1,2,\cdots,l_x \right\} \\ &\succeq \left\{ \bigwedge_{y\in U} (h_{\mathbb{R}_2^c}^{\sigma(k)}(x,y) \vee h_{\mathbb{A}}^{\sigma(k)}(y)) | k=1,2,\cdots,l_x \right\} \\ &= h_{\underline{\mathbb{R}_2}(\mathbb{A})}(x) \end{aligned}$$

因此，根据上面的讨论可以得到 $\underline{\mathbb{R}_1}(\mathbb{A}) \sqsupseteq \underline{\mathbb{R}_2}(\mathbb{A})$。类似地，由式 (6.2) 可证 $\overline{\mathbb{R}_1}(\mathbb{A}) \sqsubseteq \overline{\mathbb{R}_2}(\mathbb{A})$。

接下来，为了刻画犹豫模糊粗糙集的粗糙度，我们引进犹豫模糊集基数的概念。

**定义 6.3** 设 $U$ 是一个非空有限论域集。对任意 $\mathbb{A} \in HF(U)$，犹豫模糊集 $\mathbb{A}$ 的基数记作 $|\mathbb{A}|$，定义如下：

$$|\mathbb{A}| = \sum_{x\in U} \sum_{k=1}^{l} h_{\mathbb{A}}^{\sigma(k)}(x)$$

式中，$l$ 表示犹豫模糊元 $h_{\mathbb{A}}(x)$ 中数值的数量个数。

基于定义 6.3，犹豫模糊集 $\mathbb{A} \neq \emptyset$ 的粗糙度定义为

$$\rho_{\mathbb{R}}(\mathbb{A}) = 1 - \frac{|\underline{\mathbb{R}}(\mathbb{A})|}{|\overline{\mathbb{R}}(\mathbb{A})|}$$

如果 $|\overline{\mathbb{R}}(\mathbb{A})|=0$，定义 $\rho_{\mathbb{R}}(\mathbb{A})=0$。

受模糊集截集思想的启发，我们引进犹豫模糊集截集的概念。

**定义 6.4** 对任意的 $\mathbb{A}\in HF(U)$，$\alpha\in[0,1]$，犹豫模糊集 $\mathbb{A}$ 的 $\alpha$ 截集记作 $\mathbb{A}_\alpha$，定义如下：

$$\mathbb{A}_\alpha=\{x\in U|h_{\mathbb{A}}^{\sigma(k)}(x)\geqslant\alpha,k=1,2,\cdots,l(h_{\mathbb{A}}(x))\}$$

在定义 6.4基础上，对任意的 $0<\beta\leqslant\alpha\leqslant1$，犹豫模糊集 $\mathbb{A}$ 关于变量 $\alpha,\beta$ 的粗糙度定义为

$$\rho_{\mathbb{R}}(\mathbb{A})_{\alpha,\beta}=1-\frac{|\underline{\mathbb{R}}(\mathbb{A})_\alpha|}{|\overline{\mathbb{R}}(\mathbb{A})_\beta|}$$

式中，$|\cdot|$ 表示普通集合的基数。

## 6.2 广义犹豫模糊相似空间上的多粒度犹豫模糊粗糙集

在文献 [86] 中，Qian 等人推广经典的粗糙集模型至多粒度环境，引进了多粒度粗糙集理论。在这种理论中，两种基本的模型被引进：(1) 乐观多粒度粗糙集模型；(2) 悲观多粒度粗糙集模型。顺着 Qian 等人的多粒度粗糙集的研究思路，本节的主要目的就是把上节的单粒度犹豫模糊粗糙集推广到多粒度环境，引进广义犹豫模糊相似近似空间上的两种多粒度犹豫模糊粗糙集模型：乐观多粒度犹豫模糊粗糙集与悲观多粒度犹豫模糊粗糙集，而这种广义犹豫模糊相似近似空间主要是由多个犹豫模糊相似关系组成。因为多粒度犹豫模糊粗糙集模型融合了多粒度粗糙集与犹豫模糊集两种理论成分，所以该模型在处理不确定性问题时比多粒度粗糙集和犹豫模糊集都要更加灵活和有效。

### 6.2.1 广义犹豫模糊相似空间上的乐观多粒度犹豫模糊粗糙集

**定义 6.5** 设 $U$ 是一个非空有限论域集，$\mathbb{R}_i(1\leqslant i\leqslant m)$ 是 $U$ 上的 $m$ 个犹豫模糊相似关系，则集对 $(U,\{\mathbb{R}_i|1\leqslant i\leqslant m\})$ 被称作是一个广义犹豫模糊相似近似空间。对任意的 $\mathbb{A}\in HF(U)$, $\mathbb{A}$ 关于 $(U,\{\mathbb{R}_i|1\leqslant i\leqslant m\})$ 的乐观多粒度犹豫模糊下、上近似是两个犹豫模糊

集，分别记作 $\underline{\sum_{i=1}^{m}\mathbb{R}_i}^{O}(\mathbb{A})$ 和 $\overline{\sum_{i=1}^{m}\mathbb{R}_i}^{O}(\mathbb{A})$，定义如下:

$$\underline{\sum_{i=1}^{m}\mathbb{R}_i}^{O}(\mathbb{A}) = \{< x, h_{\underline{\sum_{i=1}^{m}\mathbb{R}_i}^{O}(\mathbb{A})}(x) > |x \in U\} \tag{6.3}$$

$$\overline{\sum_{i=1}^{m}\mathbb{R}_i}^{O}(\mathbb{A}) = \{< x, h_{\overline{\sum_{i=1}^{m}\mathbb{R}_i}^{O}(\mathbb{A})}(x) > |x \in U\} \tag{6.4}$$

其中

$$h_{\underline{\sum_{i=1}^{m}\mathbb{R}_i}^{O}(\mathbb{A})}(x) = \underline{\vee}_{i=1}^{m} \overline{\wedge}_{y\in U} \{h_{\mathbb{R}_i^c}(x,y) \underline{\vee} h_{\mathbb{A}}(y)\}$$

$$h_{\overline{\sum_{i=1}^{m}\mathbb{R}_i}^{O}(\mathbb{A})}(x) = \overline{\wedge}_{i=1}^{m} \underline{\vee}_{y\in U} \{h_{\mathbb{R}_i}(x,y) \overline{\wedge} h_{\mathbb{A}}(y)\}$$

集对 $(\underline{\sum_{i=1}^{m}\mathbb{R}_i}^{O}(\mathbb{A}), \overline{\sum_{i=1}^{m}\mathbb{R}_i}^{O}(\mathbb{A}))$ 被称作是 $\mathbb{A}$ 关于广义犹豫模糊相似近似空间 $(U, \{\mathbb{R}_i | 1 \leqslant i \leqslant m\})$ 的一个乐观多粒度犹豫模糊粗糙集。如果 $\underline{\sum_{i=1}^{m}\mathbb{R}_i}^{O}(\mathbb{A}) = \overline{\sum_{i=1}^{m}\mathbb{R}_i}^{O}(\mathbb{A})$，则称 $\mathbb{A}$ 在 $(U, \{\mathbb{R}_i | 1 \leqslant i \leqslant m\})$ 中是乐观可定义的；否则，则称 $\mathbb{A}$ 在 $(U, \{\mathbb{R}_i | 1 \leqslant i \leqslant m\})$ 中是乐观不可定义的。

显然，可以观察到

$$h_{\underline{\sum_{i=1}^{m}\mathbb{R}_i}^{O}(\mathbb{A})}(x) = \left\{ \bigvee_{i=1}^{m} \bigwedge_{y\in U} \left( h_{\mathbb{R}_i^c}^{\sigma(k)}(x,y) \vee h_{\mathbb{A}}^{\sigma(k)}(y) \right) \middle| k = 1, 2, \cdots, l_x \right\}$$

$$h_{\overline{\sum_{i=1}^{m}\mathbb{R}_i}^{O}(\mathbb{A})}(x) = \left\{ \bigwedge_{i=1}^{m} \bigvee_{y\in U} \left( h_{\mathbb{R}_i}^{\sigma(k)}(x,y) \wedge h_{\mathbb{A}}^{\sigma(k)}(y) \right) \middle| k = 1, 2, \cdots, l_x \right\}$$

式中，$l_x = \max \max_{1\leqslant i\leqslant m} \max_{y\in U} \{l(h_{\mathbb{R}_i}(x,y)), l(h_{\mathbb{A}}(y))\}$。

**注记 6.1** 在定义 6.5 中，对任意的 $\mathbb{A} \in HF(U)$，当 $m = 1$ 时，

$$h_{\underline{\sum_{i=1}^{m}\mathbb{R}_i}^{O}(\mathbb{A})}(x) = \overline{\wedge}_{y\in U} \{h_{\mathbb{R}_1^c}(x,y) \underline{\vee} h_{\mathbb{A}}(y)\} = h_{\underline{\mathbb{R}_1}(\mathbb{A})}(x)$$

$$h_{\overline{\sum_{i=1}^{m}\mathbb{R}_i}^{\circ}(\mathbb{A})}(x) = \veebar_{y\in U}\{h_{\mathbb{R}_1}(x,y)\,\overline{\wedge}\,h_{\mathbb{A}}(y)\} = h_{\overline{\mathbb{R}_1}(\mathbb{A})}(x)$$

在这种情况下，乐观多粒度犹豫模糊粗糙集就转化为定义 6.2 中的单粒度犹豫模糊粗糙集。这就是说，单粒度犹豫模糊粗糙集是乐观多粒度犹豫模糊粗糙集的一种特殊情形。

**注记 6.2** 在定义 6.5 中，如果 $\mathbb{A}$ 退化为一个模糊集 $A$，$\mathbb{R}_i(1\leqslant i\leqslant m)$ 退化为 $U$ 上的 $m$ 个模糊容差关系 $R_i$，则

$$h_{\underline{\sum_{i=1}^{m}\mathbb{R}_i}^{\circ}(\mathbb{A})}(x) = \bigvee_{i=1}^{m}\bigwedge_{y\in U}((1-R_i(x,y))\vee A(y)) = \underline{\sum_{i=1}^{m}R_i}^{\circ}(A)(x)$$

$$h_{\overline{\sum_{i=1}^{m}\mathbb{R}_i}^{\circ}(\mathbb{A})}(x) = \bigwedge_{i=1}^{m}\bigvee_{y\in U}(R_i(x,y)\wedge A(y)) = \overline{\sum_{i=1}^{m}R_i}^{\circ}(A)(x)$$

在这种情况下，乐观多粒度犹豫模糊粗糙集就转化为定义 2.6 中的乐观多粒度模糊粗糙集。这意味着，乐观多粒度模糊粗糙集是乐观多粒度犹豫模糊粗糙集的一种特殊情形。

**注记 6.3** 在定义 6.5 中，如果 $\mathbb{A}$ 退化为一个普通集 $A$，$\mathbb{R}_i(1\leqslant i\leqslant m)$ 是 $U$ 上的 $m$ 个经典等价关系 $R_i$，则乐观多粒度犹豫模糊粗糙集就退化为定义 2.4 中的乐观多粒度粗糙集。这就是说，乐观多粒度粗糙集是乐观多粒度犹豫模糊粗糙集的一种特殊情形。

综上所述，乐观多粒度犹豫模糊粗糙集是单粒度犹豫模糊粗糙集、乐观多粒度模糊粗糙集和乐观多粒度粗糙集的一种推广形式。

**例 6.1** 设 $U=\{x_1,x_2,x_3\}$，$\mathbb{R}$ 与 $\mathbb{S}$ 是 $U$ 上的两个犹豫模糊相似关系，它们分别通过矩阵形式表示如下：

$$\mathbb{R} = \begin{array}{c} \\ x_1 \\ x_2 \\ x_3 \end{array}\begin{array}{c} \begin{array}{ccc} x_1 & x_2 & x_3 \end{array} \\ \left(\begin{array}{ccc} \{1\} & \{0.4,0.7,0.8\} & \{0.3,0.5,0.7\} \\ \{0.4,0.7,0.8\} & \{1\} & \{0.2,0.4,0.8\} \\ \{0.3,0.5,0.7\} & \{0.2,0.4,0.8\} & \{1\} \end{array}\right) \end{array}$$

$$\mathbb{S} = \begin{array}{c} \\ x_1 \\ x_2 \\ x_3 \end{array} \begin{array}{c} \begin{array}{ccc} x_1 & x_2 & x_3 \end{array} \\ \left( \begin{array}{ccc} \{1\} & \{0.3, 0.5, 0.9\} & \{0.2, 0.6, 0.7\} \\ \{0.3, 0.5, 0.9\} & \{1\} & \{0.3, 0.5, 0.6\} \\ \{0.2, 0.6, 0.7\} & \{0.3, 0.5, 0.6\} & \{1\} \end{array} \right) \end{array}$$

设犹豫模糊集

$$\mathbb{A} = \{< x_1, \{0.3, 0.4, 0.6\} >, < x_2, \{0.3, 0.7\} >, < x_3, \{0.2, 0.4, 0.8\} >\}$$

根据定义 6.2，$\mathbb{A}$ 关于 $\mathbb{R}$ 和 $\mathbb{S}$ 的单粒度犹豫模糊下、上近似分别计算如下：

$$\begin{aligned}
\underline{\mathbb{R}}(\mathbb{A}) =& \{< x_1, \{0.3, 0.4, 0.6\} >, < x_2, \{0.2, 0.4, 0.6\} >, \\
& < x_3, \{0.2, 0.4, 0.7\} >\} \\
\overline{\mathbb{R}}(\mathbb{A}) =& \{< x_1, \{0.3, 0.7, 0.7\} >, < x_2, \{0.3, 0.7, 0.8\} >, \\
& < x_3, \{0.3, 0.4, 0.8\} >\} \\
\underline{\mathbb{S}}(\mathbb{A}) =& \{< x_1, \{0.3, 0.4, 0.6\} >, < x_2, \{0.3, 0.5, 0.7\} >, \\
& < x_3, \{0.2, 0.4, 0.7\} >\} \\
\overline{\mathbb{S}}(\mathbb{A}) =& \{< x_1, \{0.3, 0.5, 0.7\} >, < x_2, \{0.3, 0.7, 0.7\} >, \\
& < x_3, \{0.3, 0.5, 0.8\} >\} \\
\underline{\mathbb{R} \Cup \mathbb{S}}(\mathbb{A}) =& \{< x_1, \{0.3, 0.4, 0.6\} >, < x_2, \{0.2, 0.4, 0.6\} >, \\
& < x_3, \{0.2, 0.4, 0.7\} >\} \\
\overline{\mathbb{R} \Cup \mathbb{S}}(\mathbb{A}) =& \{< x_1, \{0.3, 0.7, 0.7\} >, < x_2, \{0.3, 0.7, 0.8\} >, \\
& < x_3, \{0.3, 0.5, 0.8\} >\} \\
\underline{\mathbb{R} \Cap \mathbb{S}}(\mathbb{A}) =& \{< x_1, \{0.3, 0.4, 0.6\} >, < x_2, \{0.3, 0.5, 0.7\} >, \\
& < x_3, \{0.2, 0.4, 0.8\} >\} \\
\overline{\mathbb{R} \Cap \mathbb{S}}(\mathbb{A}) =& \{< x_1, \{0.3, 0.5, 0.7\} >, < x_2, \{0.3, 0.7, 0.7\} >, \\
& < x_3, \{0.2, 0.4, 0.8\} >\}
\end{aligned}$$

另一方面，根据定义 6.5，计算 $\mathbb{A}$ 关于 $\mathbb{R}$ 和 $\mathbb{S}$ 的乐观多粒度犹豫模糊下、上近似如下：

$$\begin{aligned}\underline{\mathbb{R}+\mathbb{S}}^{O}(\mathbb{A}) =&\{< x_1,\{0.3,0.4,0.6\} >,< x_2,\{0.3,0.5,0.7\} >,\\&< x_3,\{0.2,0.4,0.7\} >\}\\ \overline{\mathbb{R}+\mathbb{S}}^{O}(\mathbb{A}) =&\{< x_1,\{0.3,0.5,0.7\} >,< x_2,\{0.3,0.7,0.7\} >,\\&< x_3,\{0.3,0.4,0.8\} >\}\end{aligned}$$

综上分析，可以得到如下结论：

$$\underline{\mathbb{R}+\mathbb{S}}^{O}(\mathbb{A}) = \underline{\mathbb{R}}(\mathbb{A}) \Cup \underline{\mathbb{S}}(\mathbb{A}), \quad \overline{\mathbb{R}+\mathbb{S}}^{O}(\mathbb{A}) = \overline{\mathbb{R}}(\mathbb{A}) \Cap \overline{\mathbb{S}}(\mathbb{A})$$

$$\underline{\mathbb{R} \Cup \mathbb{S}}(\mathbb{A}) \sqsubseteq \underline{\mathbb{R}+\mathbb{S}}^{O}(\mathbb{A}) \sqsubseteq \mathbb{A} \sqsubseteq \overline{\mathbb{R}+\mathbb{S}}^{O}(\mathbb{A}) \sqsubseteq \overline{\mathbb{R} \Cup \mathbb{S}}(\mathbb{A})$$

下面的定理表明了乐观多粒度犹豫模糊粗糙集与单粒度犹豫模糊粗糙集之间的关系。

**定理 6.4** 设 $U$ 是一个非空有限论域集，$\mathbb{R}_i(1 \leqslant i \leqslant m)$ 是 $U$ 上的 $m$ 个犹豫模糊相似关系。对任意的 $\mathbb{A} \in HF(U)$, $\underline{\sum_{i=1}^{m} \mathbb{R}_i}^{O}(\mathbb{A})$ 和 $\overline{\sum_{i=1}^{m} \mathbb{R}_i}^{O}(\mathbb{A})$ 分别是 $\mathbb{A}$ 关于 $(U,\{\mathbb{R}_i|1 \leqslant i \leqslant m\})$ 的乐观多粒度犹豫模糊下、上近似，则

(1) $\underline{\sum_{i=1}^{m} \mathbb{R}_i}^{O}(\mathbb{A}) = \Cup_{i=1}^{m} \underline{\mathbb{R}_i}(\mathbb{A})$;

(2) $\overline{\sum_{i=1}^{m} \mathbb{R}_i}^{O}(\mathbb{A}) = \Cap_{i=1}^{m} \overline{\mathbb{R}_i}(\mathbb{A})$。

**证明**：通过定义 6.2 和定义 6.5 直接可以得证。

**定理 6.5** 设 $(U,\{\mathbb{R}_i|1 \leqslant i \leqslant m\})$ 是一个广义犹豫模糊相似近似空间。对任意的 $\mathbb{A} \in HF(U)$, $\mathbb{A}$ 关于 $(U,\{\mathbb{R}_i|1 \leqslant i \leqslant m\})$ 的乐观多粒度犹豫模糊下、上近似满足下面的性质:

(1) $\underline{\sum_{i=1}^{m} \mathbb{R}_i}^{O}(\mathbb{A}) \sqsubseteq \mathbb{A}$;

(2) $\overline{\sum_{i=1}^{m} \mathbb{R}_i}^{O}(\mathbb{A}) \sqsupseteq \mathbb{A}$;

(3) $\underline{\sum_{i=1}^{m}\mathbb{R}_i}^{O}(\mathbb{A}^{c})=(\overline{\sum_{i=1}^{m}\mathbb{R}_i}^{O}(\mathbb{A}))^{c}$;

(4) $\overline{\sum_{i=1}^{m}\mathbb{R}_i}^{O}(\mathbb{A}^{c})=(\underline{\sum_{i=1}^{m}\mathbb{R}_i}^{O}(\mathbb{A}))^{c}$;

(5) $\underline{\sum_{i=1}^{m}\mathbb{R}_i}^{O}(\mathbb{U})=\overline{\sum_{i=1}^{m}\mathbb{R}_i}^{O}(\mathbb{U})=\mathbb{U}$;

(6) $\underline{\sum_{i=1}^{m}\mathbb{R}_i}^{O}(\emptyset)=\overline{\sum_{i=1}^{m}\mathbb{R}_i}^{O}(\emptyset)=\emptyset$。

**证明**：由定理 6.4、定理 6.1 及其定理 2.1 直接得证。

定理 6.5 反映了乐观多粒度犹豫模糊粗糙集一些有趣的性质。例如，性质 (1) 和 (2) 说明，广义犹豫模糊相似近似空间上的乐观多粒度犹豫模糊下近似包含于目标概念，而乐观多粒度犹豫模糊上近似包含目标概念。性质 (3) 和 (4) 表明了乐观多粒度犹豫模糊下、上近似的对偶性。

**定理 6.6**　设 $(U,\{\mathbb{R}_i|1\leqslant i\leqslant m\})$ 是一个广义犹豫模糊相似近似空间，则下面的性质成立：$\forall\mathbb{A},\mathbb{B}\in HF(U)$，

(1) $\underline{\sum_{i=1}^{m}\mathbb{R}_i}^{O}(\mathbb{A}\Cap\mathbb{B})\sqsubseteq\underline{\sum_{i=1}^{m}\mathbb{R}_i}^{O}(\mathbb{A})\Cap\underline{\sum_{i=1}^{m}\mathbb{R}_i}^{O}(\mathbb{B})$;

(2) $\overline{\sum_{i=1}^{m}\mathbb{R}_i}^{O}(\mathbb{A}\Cup\mathbb{B})\sqsupseteq\overline{\sum_{i=1}^{m}\mathbb{R}_i}^{O}(\mathbb{A})\Cup\overline{\sum_{i=1}^{m}\mathbb{R}_i}^{O}(\mathbb{B})$;

(3) $\mathbb{A}\sqsubseteq\mathbb{B}\Longrightarrow\underline{\sum_{i=1}^{m}\mathbb{R}_i}^{O}(\mathbb{A})\sqsubseteq\underline{\sum_{i=1}^{m}\mathbb{R}_i}^{O}(\mathbb{B})$;

(4) $\mathbb{A}\sqsubseteq\mathbb{B}\Longrightarrow\overline{\sum_{i=1}^{m}\mathbb{R}_i}^{O}(\mathbb{A})\sqsubseteq\overline{\sum_{i=1}^{m}\mathbb{R}_i}^{O}(\mathbb{B})$;

(5) $\underline{\sum_{i=1}^{m}\mathbb{R}_i}^{O}(\mathbb{A}\Cup\mathbb{B})\sqsupseteq\underline{\sum_{i=1}^{m}\mathbb{R}_i}^{O}(\mathbb{A})\Cup\underline{\sum_{i=1}^{m}\mathbb{R}_i}^{O}(\mathbb{B})$;

(6) $\overline{\sum_{i=1}^{m}\mathbb{R}_i}^{O}(\mathbb{A}\Cap\mathbb{B})\sqsubseteq\overline{\sum_{i=1}^{m}\mathbb{R}_i}^{O}(\mathbb{A})\Cap\overline{\sum_{i=1}^{m}\mathbb{R}_i}^{O}(\mathbb{B})$。

**证明**：(1) 对任意的 $x \in U$，由定理 6.4、定理 6.2 和定义 2.2 可知

$$
\begin{aligned}
h_{\underline{\sum_{i=1}^{m}\mathbb{R}_i}^{\circ}(\mathbb{A}\Cap\mathbb{B})}(x) &= h_{\Cup_{i=1}^{m}\underline{\mathbb{R}_i}(\mathbb{A}\Cap\mathbb{B})}(x) = h_{\Cup_{i=1}^{m}(\underline{\mathbb{R}_i}(\mathbb{A})\Cap\underline{\mathbb{R}_i}(\mathbb{B}))}(x) \\
&= \left\{\bigvee_{i=1}^{m}(h^{\sigma(k)}_{\underline{\mathbb{R}_i}(A)}(x) \wedge h^{\sigma(k)}_{\underline{\mathbb{R}_i}(B)}(x)) | k = 1, 2, \cdots, l_x\right\} \\
&\preceq \left\{\left(\bigvee_{i=1}^{m} h^{\sigma(k)}_{\underline{\mathbb{R}_i}(A)}(x)\right) \wedge \left(\bigvee_{i=1}^{m} h^{\sigma(k)}_{\underline{\mathbb{R}_i}(B)}(x)\right) \middle| k = 1, 2, \cdots, l_x\right\} \\
&= h_{\Cup_{i=1}^{m}\underline{\mathbb{R}_i}(\mathbb{A})}(x) \barwedge h_{\Cup_{i=1}^{m}\underline{\mathbb{R}_i}(\mathbb{B})}(x) = h_{\underline{\sum_{i=1}^{m}\mathbb{R}_i}^{\circ}(\mathbb{A})\Cap\underline{\sum_{i=1}^{m}\mathbb{R}_i}^{\circ}(\mathbb{B})}(x)
\end{aligned}
$$

式中，$l_x = \max \max\limits_{1 \leqslant i \leqslant m} \{l(h_{\underline{\mathbb{R}_i}(A)}(x)), l(h_{\underline{\mathbb{R}_i}(B)}(x))\}$。

因此，
$$\underline{\sum_{i=1}^{m}\mathbb{R}_i}^{\circ}(\mathbb{A}\Cap\mathbb{B}) \sqsubseteq \underline{\sum_{i=1}^{m}\mathbb{R}_i}^{\circ}(\mathbb{A}) \Cap \underline{\sum_{i=1}^{m}\mathbb{R}_i}^{\circ}(\mathbb{B})$$

(2) 对任意的 $x \in U$, 根据定理 6.4、定理 6.2 和定义 2.2 可以得到

$$
\begin{aligned}
h_{\overline{\sum_{i=1}^{m}\mathbb{R}_i}^{\circ}(\mathbb{A}\Cup\mathbb{B})}(x) &= h_{\Cap_{i=1}^{m}\overline{\mathbb{R}_i}(\mathbb{A}\Cup\mathbb{B})}(x) = h_{\Cap_{i=1}^{m}(\overline{\mathbb{R}_i}(\mathbb{A})\Cup\overline{\mathbb{R}_i}(\mathbb{B}))}(x) \\
&= \left\{\bigwedge_{i=1}^{m}(h^{\sigma(k)}_{\overline{\mathbb{R}_i}(A)}(x) \vee h^{\sigma(k)}_{\overline{\mathbb{R}_i}(B)}(x)) | k = 1, 2, \cdots, l_x\right\} \\
&\succeq \left\{\left(\bigwedge_{i=1}^{m} h^{\sigma(k)}_{\overline{\mathbb{R}_i}(A)}(x)\right) \vee \left(\bigwedge_{i=1}^{m} h^{\sigma(k)}_{\overline{\mathbb{R}_i}(B)}(x)\right) \middle| k = 1, 2, \cdots, l_x\right\} \\
&= h_{\Cap_{i=1}^{m}\overline{\mathbb{R}_i}(\mathbb{A})}(x) \veebar h_{b\Cap_{i=1}^{m}\overline{\mathbb{R}_i}(\mathbb{B})}(x) = h_{\overline{\sum_{i=1}^{m}\mathbb{R}_i}^{\circ}(\mathbb{A})\Cup\overline{\sum_{i=1}^{m}\mathbb{R}_i}^{\circ}(\mathbb{B})}(x)
\end{aligned}
$$

式中，$l_x = \max \max\limits_{1 \leqslant i \leqslant m} \{l(h_{\overline{\mathbb{R}_i}(A)}(x)), l(h_{\overline{\mathbb{R}_i}(B)}(x))\}$。

因此，
$$\overline{\sum_{i=1}^{m}\mathbb{R}_i}^{\circ}(\mathbb{A}\Cup\mathbb{B}) \sqsupseteq \overline{\sum_{i=1}^{m}\mathbb{R}_i}^{\circ}(\mathbb{A}) \Cup \overline{\sum_{i=1}^{m}\mathbb{R}_i}^{\circ}(\mathbb{B})$$

(3) 因为 $\mathbb{A} \sqsubseteq \mathbb{B}$，通过定理 6.2 可知 $\underline{\mathbb{R}_i}(\mathbb{A}) \sqsubseteq \underline{\mathbb{R}_i}(\mathbb{B})$，于是对任意的 $x \in U$，有 $h^{\sigma(k)}_{\underline{\mathbb{R}_i}(\mathbb{A})}(x) \leqslant h^{\sigma(k)}_{\underline{\mathbb{R}_i}(\mathbb{B})}(x)$。从而对任意的 $k \in \{1, 2, \cdots, l_x = \max \max\limits_{1 \leqslant i \leqslant m} \{l(h_{\underline{\mathbb{R}_i}(\mathbb{A})}(x)), l(h_{\underline{\mathbb{R}_i}(\mathbb{B})}(x))\}$，有 $\bigvee\limits_{1 \leqslant i \leqslant m} h^{\sigma(k)}_{\underline{\mathbb{R}_i}(\mathbb{A})}(x) \leqslant \bigvee\limits_{1 \leqslant i \leqslant m} h^{\sigma(k)}_{\underline{\mathbb{R}_i}(\mathbb{B})}(x)$。因此，$h_{\Cup_{i=1}^{m}\underline{\mathbb{R}_i}(\mathbb{A})}(x) \preceq h_{\Cup_{i=1}^{m}\underline{\mathbb{R}_i}(\mathbb{B})}(x)$。故由定理 6.4 可得 $\underline{\sum_{i=1}^{m}\mathbb{R}_i}^{\circ}(\mathbb{A}) \sqsubseteq \underline{\sum_{i=1}^{m}\mathbb{R}_i}^{\circ}(\mathbb{B})$。

(4) 的证明类似于结果 (3) 的证明。

(5) 和 (6) 分别可以通过结论 (3) 和 (4) 得证。

定理 6.6 表明了两个不同目标概念的乐观多粒度犹豫模糊下、上近似的基本性质。性质 (1) 和 (2) 说明，两个不同目标概念交的乐观多粒度犹豫模糊下近似包含于两个不同目标概念的乐观多粒度犹豫模糊下近似的交，而两个不同目标概念并的乐观多粒度犹豫模糊上近似包含两个不同目标概念的乐观多粒度犹豫模糊上近似的并。性质 (3) 和 (4) 表明了乐观多粒度犹豫模糊下、上近似关于不同目标概念的单调性。值得注意的是，定理 6.6 中的性质 (1) 和 (2) 与定理 6.2 中的性质 (1) 和 (2) 是不同的。

因为定义 6.5 中的下、上近似都是犹豫模糊集，所以在定义 6.4 基础上，我们引进乐观多粒度犹豫模糊下、上近似的截集概念，并且研究它们的性质。

**定义 6.6**　设 $(U,\{\mathbb{R}_i|1\leqslant i\leqslant m\})$ 是一个广义犹豫模糊相似近似空间，且 $\mathbb{A}\in HF(U)$。对任意的 $0<\beta\leqslant\alpha\leqslant 1$，$\mathbb{A}$ 关于 $(U,\{\mathbb{R}_i|1\leqslant i\leqslant m\})$ 的下近似 $\underline{\sum_{i=1}^{m}\mathbb{R}_i}^{O}(\mathbb{A})$ 的 $\alpha$ 截集和上近似 $\overline{\sum_{i=1}^{m}\mathbb{R}_i}^{O}(\mathbb{A})$ 的 $\beta$ 截集分别定义如下：

$$\underline{\sum_{i=1}^{m}\mathbb{R}_i}^{O}(\mathbb{A})_\alpha=\{x\in U|h^{\sigma(k)}_{\underline{\sum_{i=1}^{m}\mathbb{R}_i}^{O}(\mathbb{A})}(x)\geqslant\alpha,k=1,2,\cdots,l(h_{\underline{\sum_{i=1}^{m}\mathbb{R}_i}^{O}(\mathbb{A})}(x))\}$$

$$\overline{\sum_{i=1}^{m}\mathbb{R}_i}^{O}(\mathbb{A})_\beta=\{x\in U|h^{\sigma(k)}_{\overline{\sum_{i=1}^{m}\mathbb{R}_i}^{O}(\mathbb{A})}(x)\geqslant\beta,k=1,2,\cdots,l(h_{\overline{\sum_{i=1}^{m}\mathbb{R}_i}^{O}(\mathbb{A})}(x))\}$$

根据定义 6.6、定理 6.5 和定理 6.6，直接可以得到下面的结论。

**定理 6.7**　设 $(U,\{\mathbb{R}_i|1\leqslant i\leqslant m\})$ 是一个广义犹豫模糊相似近似空间，且 $\mathbb{A},\mathbb{B}\in HF(U)$，则对任意的 $0<\beta\leqslant\alpha\leqslant 1$，下面的性质成立：

(1) $\underline{\sum_{i=1}^{m}\mathbb{R}_i}^{O}(\mathbb{A})_\alpha\subseteq\underline{\sum_{i=1}^{m}\mathbb{R}_i}^{O}(\mathbb{A})_\beta$;

(2) $\overline{\sum_{i=1}^{m}\mathbb{R}_i}^{O}(\mathbb{A})_\alpha\subseteq\overline{\sum_{i=1}^{m}\mathbb{R}_i}^{O}(\mathbb{A})_\beta$;

(3) $\underline{\sum_{i=1}^{m}\mathbb{R}_i}^{O}(\mathbb{A}\Cap\mathbb{B})_\alpha\subseteq\underline{\sum_{i=1}^{m}\mathbb{R}_i}^{O}(\mathbb{A})_\alpha\cap\underline{\sum_{i=1}^{m}\mathbb{R}_i}^{O}(\mathbb{B})_\alpha$;

(4) $\overline{\sum_{i=1}^{m}\mathbb{R}_i}^{\mathrm{O}}(\mathbb{A}\Cup\mathbb{B})_\beta\supseteq\overline{\sum_{i=1}^{m}\mathbb{R}_i}^{\mathrm{O}}(\mathbb{A})_\beta\cup\overline{\sum_{i=1}^{m}\mathbb{R}_i}^{\mathrm{O}}(\mathbb{B})_\beta$;

(5) $\mathbb{A}\sqsubseteq\mathbb{B}\Longrightarrow\underline{\sum_{i=1}^{m}\mathbb{R}_i}^{\mathrm{O}}(\mathbb{A})_\alpha\subseteq\underline{\sum_{i=1}^{m}\mathbb{R}_i}^{\mathrm{O}}(\mathbb{B})_\alpha$;

(6) $\mathbb{A}\sqsubseteq\mathbb{B}\Longrightarrow\overline{\sum_{i=1}^{m}\mathbb{R}_i}^{\mathrm{O}}(\mathbb{A})_\beta\subseteq\overline{\sum_{i=1}^{m}\mathbb{R}_i}^{\mathrm{O}}(\mathbb{B})_\beta$;

(7) $\underline{\sum_{i=1}^{m}\mathbb{R}_i}^{\mathrm{O}}(\mathbb{A}\Cup\mathbb{B})_\alpha\supseteq\underline{\sum_{i=1}^{m}\mathbb{R}_i}^{\mathrm{O}}(\mathbb{A})_\alpha\cup\underline{\sum_{i=1}^{m}\mathbb{R}_i}^{\mathrm{O}}(\mathbb{B})_\alpha$;

(8) $\overline{\sum_{i=1}^{m}\mathbb{R}_i}^{\mathrm{O}}(\mathbb{A}\Cap\mathbb{B})_\beta\subseteq\overline{\sum_{i=1}^{m}\mathbb{R}_i}^{\mathrm{O}}(\mathbb{A})_\beta\cap\overline{\sum_{i=1}^{m}\mathbb{R}_i}^{\mathrm{O}}(\mathbb{B})_\beta$。

### 6.2.2　广义犹豫模糊相似空间上的悲观多粒度犹豫模糊粗糙集

**定义 6.7**　设 $(U,\{\mathbb{R}_i|1\leqslant i\leqslant m\})$ 是一个广义犹豫模糊相似近似空间。对任意的 $\mathbb{A}\in HF(U)$, $\mathbb{A}$ 关于 $(U,\{\mathbb{R}_i|1\leqslant i\leqslant m\})$ 的悲观多粒度犹豫模糊下、上近似是两个犹豫模糊集，分别记作 $\underline{\sum_{i=1}^{m}\mathbb{R}_i}^{\mathrm{P}}(\mathbb{A})$ 和 $\overline{\sum_{i=1}^{m}\mathbb{R}_i}^{\mathrm{P}}(\mathbb{A})$，定义如下：

$$\underline{\sum_{i=1}^{m}\mathbb{R}_i}^{\mathrm{P}}(\mathbb{A})=\{<x,h_{\underline{\sum_{i=1}^{m}\mathbb{R}_i}^{\mathrm{P}}(\mathbb{A})}(x)>|x\in U\}\tag{6.5}$$

$$\overline{\sum_{i=1}^{m}\mathbb{R}_i}^{\mathrm{P}}(\mathbb{A})=\{<x,h_{\overline{\sum_{i=1}^{m}\mathbb{R}_i}^{\mathrm{P}}(\mathbb{A})}(x)>|x\in U\}\tag{6.6}$$

其中

$$h_{\underline{\sum_{i=1}^{m}\mathbb{R}_i}^{\mathrm{P}}(\mathbb{A})}(x)=\overline{\wedge}_{i=1}^{m}\ \overline{\wedge}_{y\in U}\ \{h_{\mathbb{R}_i^{\mathrm{c}}}(x,y)\ \underline{\vee}\ h_{\mathbb{A}}(y)\}$$

$$h_{\overline{\sum_{i=1}^{m}\mathbb{R}_i}^{\mathrm{P}}(\mathbb{A})}(x)=\underline{\vee}_{i=1}^{m}\ \underline{\vee}_{y\in U}\ \{h_{\mathbb{R}_i}(x,y)\ \overline{\wedge}\ h_{\mathbb{A}}(y)\}$$

集对 $(\underline{\sum_{i=1}^{m}\mathbb{R}_i}^{\mathrm{P}}(\mathbb{A}),\overline{\sum_{i=1}^{m}\mathbb{R}_i}^{\mathrm{P}}(\mathbb{A}))$ 被称作是 $\mathbb{A}$ 关于 $(U,\{\mathbb{R}_i|1\leqslant i\leqslant m\})$ 的一个悲观多粒度犹豫模糊粗糙集。如果 $\underline{\sum_{i=1}^{m}\mathbb{R}_i}^{\mathrm{P}}(\mathbb{A})=\overline{\sum_{i=1}^{m}\mathbb{R}_i}^{\mathrm{P}}(\mathbb{A})$，则

称 $\mathbb{A}$ 在 $(U, \{\mathbb{R}_i | 1 \leqslant i \leqslant m\})$ 中是悲观可定义的；否则，则称 $\mathbb{A}$ 在 $(U, \{\mathbb{R}_i | 1 \leqslant i \leqslant m\})$ 中是悲观不可定义的。

**注记 6.4** 在定义 6.7 中，对任意的 $\mathbb{A} \in HF(U)$，如果 $m = 1$，则

$$h_{\underline{\sum_{i=1}^{m} \mathbb{R}_i}^{\mathrm{P}}(\mathbb{A})}(x) = \bar{\wedge}_{y \in U}\{h_{\mathbb{R}_1{}^c}(x,y) \,\underline{\vee}\, h_{\mathbb{A}}(y)\} = h_{\underline{\mathbb{R}_1}(\mathbb{A})}(x)$$

$$h_{\overline{\sum_{i=1}^{m} \mathbb{R}_i}^{\mathrm{P}}(\mathbb{A})}(x) = \underline{\vee}_{y \in U}\{h_{\mathbb{R}_1}(x,y) \,\bar{\wedge}\, h_{\mathbb{A}}(y)\} = h_{\overline{\mathbb{R}_1}(\mathbb{A})}(x)$$

在这种情况下，悲观多粒度犹豫模糊粗糙集就退化为定义 6.2 中的单粒度犹豫模糊粗糙集。这就是说，单粒度犹豫模糊粗糙集是悲观多粒度犹豫模糊粗糙集的一种特殊情形。

**注记 6.5** 在定义 6.7 中，如果犹豫模糊元 $h_{\mathbb{A}}(y)$ 和 $h_{\mathbb{R}_i}(x,y)$ 中都仅仅只存在一个元素，即 $\mathbb{A}$ 退化为模糊集 $A$，$\mathbb{R}_i(1 \leqslant i \leqslant m)$ 退化为 $U$ 上的 $m$ 个模糊容差关系 $R_i$，则

$$h_{\underline{\sum_{i=1}^{m} \mathbb{R}_i}^{\mathrm{P}}(\mathbb{A})}(x) = \bigwedge_{i=1}^{m} \bigwedge_{y \in U}((1 - R_i(x,y)) \vee A(y)) = \underline{\sum_{i=1}^{m} R_i}^{\mathrm{P}}(A)(x)$$

$$h_{\overline{\sum_{i=1}^{m} \mathbb{R}_i}^{\mathrm{P}}(\mathbb{A})}(x) = \bigvee_{i=1}^{m} \bigvee_{y \in U}(R_i(x,y) \wedge A(y)) = \overline{\sum_{i=1}^{m} R_i}^{\mathrm{P}}(A)(x)$$

在这种情况下，悲观多粒度犹豫模糊粗糙集就转化为定义 2.7 中的悲观多粒度模糊粗糙集。换句话说，悲观多粒度模糊粗糙集是悲观多粒度犹豫模糊粗糙集的一种特殊情形。

**注记 6.6** 在定义 6.7 中，如果 $\mathbb{A}$ 退化为普通集 $A$，$\mathbb{R}_i(1 \leqslant i \leqslant m)$ 是 $U$ 上的 $m$ 个经典等价关系 $R_i$，则悲观多粒度犹豫模糊粗糙集就转化为定义 2.5 中的悲观多粒度粗糙集。这就是说，悲观多粒度粗糙集是悲观多粒度犹豫模糊粗糙集的一种特殊情形。

综上所述，悲观多粒度犹豫模糊粗糙集是单粒度犹豫模糊粗糙集、悲观多粒度模糊粗糙集和悲观多粒度粗糙集的一种推广形式。

**例 6.2** 接着例 6.1 继续研究。根据定义 6.7，计算出 $\mathbb{A}$ 关于 $\mathbb{R}$ 和 $\mathbb{S}$ 的悲观多粒度犹豫模糊下、上近似如下：

$$\begin{aligned}\underline{\mathbb{R}+\mathbb{S}}^{\mathrm{P}}(\mathbb{A}) =& \{< x_1,\{0.3,0.4,0.6\} >,< x_2,\{0.2,0.4,0.6\} >,\\ & < x_3,\{0.2,0.4,0.7\} >\}\\ \overline{\mathbb{R}+\mathbb{S}}^{\mathrm{P}}(\mathbb{A}) =& \{< x_1,\{0.3,0.7,0.7\} >,< x_2,\{0.3,0.7,0.8\} >,\\ & < x_3,\{0.3,0.5,0.8\} >\}\end{aligned}$$

因此，可以得到如下结论：

$$\underline{\mathbb{R}+\mathbb{S}}^{\mathrm{P}}(\mathbb{A}) = \underline{\mathbb{R}}(\mathbb{A}) \Cap \underline{\mathbb{S}}(\mathbb{A}), \quad \overline{\mathbb{R}+\mathbb{S}}^{\mathrm{P}}(\mathbb{A}) = \overline{\mathbb{R}}(\mathbb{A}) \Cup \overline{\mathbb{S}}(\mathbb{A})$$

$$\begin{aligned}\underline{\mathbb{R}\Cup\mathbb{S}}(\mathbb{A}) &= \underline{\mathbb{R}+\mathbb{S}}^{\mathrm{P}}(\mathbb{A}) \sqsubseteq \underline{\mathbb{R}\Cap\mathbb{S}}(\mathbb{A}) \sqsubseteq \mathbb{A} \sqsubseteq \overline{\mathbb{R}\Cap\mathbb{S}}(\mathbb{A}) \sqsubseteq \overline{\mathbb{R}+\mathbb{S}}^{\mathrm{P}}(\mathbb{A})\\ &= \overline{\mathbb{R}\Cup\mathbb{S}}(\mathbb{A})\end{aligned}$$

接下来，确立悲观多粒度犹豫模糊粗糙集和单粒度犹豫模糊粗糙集之间的关系，并且研究它们的性质。

**定理 6.8** 设 $U$ 是一个非空有限论域集，$\mathbb{R}_i(1 \leqslant i \leqslant m)$ 是 $U$ 上的 $m$ 个犹豫模糊相似关系。对任意的 $\mathbb{A} \in HF(U)$，$\underline{\sum_{i=1}^{m}\mathbb{R}_i}^{\mathrm{P}}(\mathbb{A})$ 和 $\overline{\sum_{i=1}^{m}\mathbb{R}_i}^{\mathrm{P}}(\mathbb{A})$ 分别是 $\mathbb{A}$ 关于 $(U,\{\mathbb{R}_i|1 \leqslant i \leqslant m\})$ 的悲观多粒度犹豫模糊下、上近似，则

(1) $\underline{\sum_{i=1}^{m}\mathbb{R}_i}^{\mathrm{P}}(\mathbb{A}) = \Cap_{i=1}^{m}\underline{\mathbb{R}_i}(\mathbb{A})$；

(2) $\overline{\sum_{i=1}^{m}\mathbb{R}_i}^{\mathrm{P}}(\mathbb{A}) = \Cup_{i=1}^{m}\overline{\mathbb{R}_i}(\mathbb{A})$。

**证明：** 由定义 6.2 和定义 6.7 直接可得。

**定理 6.9** 设 $(U,\{\mathbb{R}_i|1 \leqslant i \leqslant m\})$ 是一个广义犹豫模糊相似近似空间。对任意的 $\mathbb{A} \in HF(U)$，$\mathbb{A}$ 关于 $(U,\{\mathbb{R}_i|1 \leqslant i \leqslant m\})$ 的悲观多粒度犹豫模糊下、上近似满足下面的性质：

(1) $\underline{\sum_{i=1}^{m}\mathbb{R}_i}^{\mathrm{P}}(\mathbb{A}) \sqsubseteq \mathbb{A}$；

(2) $\overline{\sum_{i=1}^{m}\mathbb{R}_i}^{\mathrm{P}}(\mathbb{A}) \sqsupseteq \mathbb{A}$;

(3) $\underline{\sum_{i=1}^{m}\mathbb{R}_i}^{\mathrm{P}}(\mathbb{A}^{\mathrm{c}}) = (\overline{\sum_{i=1}^{m}\mathbb{R}_i}^{\mathrm{P}}(\mathbb{A}))^{\mathrm{c}}$;

(4) $\overline{\sum_{i=1}^{m}\mathbb{R}_i}^{\mathrm{P}}(\mathbb{A}^{\mathrm{c}}) = (\underline{\sum_{i=1}^{m}\mathbb{R}_i}^{\mathrm{P}}(\mathbb{A}))^{\mathrm{c}}$;

(5) $\underline{\sum_{i=1}^{m}\mathbb{R}_i}^{\mathrm{P}}(\mathbb{U}) = \overline{\sum_{i=1}^{m}\mathbb{R}_i}^{\mathrm{P}}(\mathbb{U}) = \mathbb{U}$;

(6) $\underline{\sum_{i=1}^{m}\mathbb{R}_i}^{\mathrm{P}}(\emptyset) = \overline{\sum_{i=1}^{m}\mathbb{R}_i}^{\mathrm{P}}(\emptyset) = \emptyset$。

**证明**：由定理 6.8、定理 6.1 和定理 2.1 直接可得。

定理 6.9 反映了悲观多粒度犹豫模糊粗糙集一些有趣的性质。例如，性质 (1) 和 (2) 说明，广义犹豫模糊相似近似空间上的悲观多粒度犹豫模糊下近似包含于目标概念，而悲观多粒度犹豫模糊上近似包含目标概念。性质 (3) 和 (4) 表明了悲观多粒度犹豫模糊下、上近似的对偶性。

**定理 6.10**　设 $(U, \{\mathbb{R}_i | 1 \leqslant i \leqslant m\})$ 是一个广义犹豫模糊相似近似空间，则下面的性质成立：$\forall \mathbb{A}, \mathbb{B} \in HF(U)$,

(1) $\underline{\sum_{i=1}^{m}\mathbb{R}_i}^{\mathrm{P}}(\mathbb{A} \Cap \mathbb{B}) = \underline{\sum_{i=1}^{m}\mathbb{R}_i}^{\mathrm{P}}(\mathbb{A}) \Cap \underline{\sum_{i=1}^{m}\mathbb{R}_i}^{\mathrm{P}}(\mathbb{B})$;

(2) $\overline{\sum_{i=1}^{m}\mathbb{R}_i}^{\mathrm{P}}(\mathbb{A} \Cup \mathbb{B}) = \overline{\sum_{i=1}^{m}\mathbb{R}_i}^{\mathrm{P}}(\mathbb{A}) \Cup \overline{\sum_{i=1}^{m}\mathbb{R}_i}^{\mathrm{P}}(\mathbb{B})$;

(3) $\mathbb{A} \sqsubseteq \mathbb{B} \Longrightarrow \underline{\sum_{i=1}^{m}\mathbb{R}_i}^{\mathrm{P}}(\mathbb{A}) \sqsubseteq \underline{\sum_{i=1}^{m}\mathbb{R}_i}^{\mathrm{P}}(\mathbb{B})$;

(4) $\mathbb{A} \sqsubseteq \mathbb{B} \Longrightarrow \overline{\sum_{i=1}^{m}\mathbb{R}_i}^{\mathrm{P}}(\mathbb{A}) \sqsubseteq \overline{\sum_{i=1}^{m}\mathbb{R}_i}^{\mathrm{P}}(\mathbb{B})$;

(5) $\underline{\sum_{i=1}^{m}\mathbb{R}_i}^{\mathrm{P}}(\mathbb{A} \Cup \mathbb{B}) \sqsupseteq \underline{\sum_{i=1}^{m}\mathbb{R}_i}^{\mathrm{P}}(\mathbb{A}) \Cup \underline{\sum_{i=1}^{m}\mathbb{R}_i}^{\mathrm{O}}(\mathbb{B})$;

(6) $\overline{\sum_{i=1}^{m}\mathbb{R}_i}^{\mathrm{P}}(\mathbb{A} \Cap \mathbb{B}) \sqsubseteq \overline{\sum_{i=1}^{m}\mathbb{R}_i}^{\mathrm{P}}(\mathbb{A}) \Cap \overline{\sum_{i=1}^{m}\mathbb{R}_i}^{\mathrm{O}}(\mathbb{B})$。

**证明**：我们仅证明结论 (1) 和 (2)，其余结论的证明与定理 6.6 的证明类似，不再赘述。

(1) 对任意的 $x \in U$，由定理 6.8、定理 6.2 和定义 2.2 可知，

$$\begin{aligned}
h_{\underline{\sum_{i=1}^{m}\mathbb{R}_i}^{P}(\mathbb{A}\Cap\mathbb{B})}(x) &= h_{\Cap_{i=1}^{m}\underline{\mathbb{R}_i}(\mathbb{A}\Cap\mathbb{B})}(x) = h_{\Cap_{i=1}^{m}(\underline{\mathbb{R}_i}(\mathbb{A})\Cap\underline{\mathbb{R}_i}(\mathbb{B}))}(x) \\
&= \left\{ \bigwedge_{i=1}^{m} (h^{\sigma(k)}_{\underline{\mathbb{R}_i}(A)}(x) \wedge h^{\sigma(k)}_{\underline{\mathbb{R}_i}(B)}(x)) | k = 1, 2, \cdots, l_x \right\} \\
&= \left\{ \left( \bigwedge_{i=1}^{m} h^{\sigma(k)}_{\underline{\mathbb{R}_i}(A)}(x) \right) \wedge \left( \bigwedge_{i=1}^{m} h^{\sigma(k)}_{\underline{\mathbb{R}_i}(B)}(x) \right) \middle| k = 1, 2, \cdots, l_x \right\} \\
&= h_{\Cap_{i=1}^{m}\underline{\mathbb{R}_i}(\mathbb{A})}(x) \barwedge h_{\Cap_{i=1}^{m}\underline{\mathbb{R}_i}(\mathbb{B})}(x) = h_{\underline{\sum_{i=1}^{m}\mathbb{R}_i}^{P}(\mathbb{A})\Cap\underline{\sum_{i=1}^{m}\mathbb{R}_i}^{P}(\mathbb{B})}(x)
\end{aligned}$$

因此，

$$\underline{\sum_{i=1}^{m}\mathbb{R}_i}^{P}(\mathbb{A}\Cap\mathbb{B}) = \underline{\sum_{i=1}^{m}\mathbb{R}_i}^{P}(\mathbb{A}) \Cap \underline{\sum_{i=1}^{m}\mathbb{R}_i}^{P}(\mathbb{B})$$

(2) 对任意的 $x \in U$，根据定理 6.8、定理 6.2 和定义 2.2，可以得到

$$\begin{aligned}
h_{\overline{\sum_{i=1}^{m}\mathbb{R}_i}^{P}(\mathbb{A}\Cup\mathbb{B})}(x) &= h_{\Cup_{i=1}^{m}\overline{\mathbb{R}_i}(\mathbb{A}\Cup\mathbb{B})}(x) = h_{\Cup_{i=1}^{m}(\overline{\mathbb{R}_i}(\mathbb{A})\Cup\overline{\mathbb{R}_i}(\mathbb{B}))}(x) \\
&= \left\{ \bigvee_{i=1}^{m} (h^{\sigma(k)}_{\overline{\mathbb{R}_i}(A)}(x) \vee h^{\sigma(k)}_{\overline{\mathbb{R}_i}(B)}(x)) | k = 1, 2, \cdots, l_x \right\} \\
&= \left\{ \left( \bigvee_{i=1}^{m} h^{\sigma(k)}_{\overline{\mathbb{R}_i}(A)}(x) \right) \vee \left( \bigvee_{i=1}^{m} h^{\sigma(k)}_{\overline{\mathbb{R}_i}(B)}(x) \right) \middle| k = 1, 2, \cdots, l_x \right\} \\
&= h_{\Cup_{i=1}^{m}\overline{\mathbb{R}_i}(\mathbb{A})}(x) \veebar h_{\Cup_{i=1}^{m}\overline{\mathbb{R}_i}(\mathbb{B})}(x) \\
&= h_{\overline{\sum_{i=1}^{m}\mathbb{R}_i}^{P}(\mathbb{A})\Cup\overline{\sum_{i=1}^{m}\mathbb{R}_i}^{P}(\mathbb{B})}(x)
\end{aligned}$$

因此，

$$\overline{\sum_{i=1}^{m}\mathbb{R}_i}^{P}(\mathbb{A}\Cup\mathbb{B}) = \overline{\sum_{i=1}^{m}\mathbb{R}_i}^{P}(\mathbb{A}) \Cup \overline{\sum_{i=1}^{m}\mathbb{R}_i}^{P}(\mathbb{B})$$

定理 6.10 表明了两个不同目标概念的悲观多粒度犹豫模糊下、上近似的基本性质。性质 (1) 和 (2) 说明，两个不同目标概念交的悲观多粒度犹豫模糊下近似与两个不同目标概念的悲观多粒度犹豫模糊下近似的交是相等的，而两个不同目标概念并的悲观多粒度犹豫模糊上近似与两个不同目标概念的悲观多粒度犹豫模糊上近似的并也是相等的。性质 (3) 和 (4) 表明了悲观多粒度犹豫模糊下、上近似关于不同目标概念的单调性。同时需要注意的是，定理 6.10 中的性质 (1) 和 (2) 与定理 6.6 中的性质 (1) 和 (2) 是不同的，但是与定理 6.2 中的性质 (1) 和 (2) 是相同的。

类似于乐观多粒度犹豫模糊下、上近似情形，我们也引进悲观多粒度犹豫模糊下、上近似截集的概念，并且讨论它们的性质。

**定义 6.8** 设 $(U,\{\mathbb{R}_i|1\leqslant i\leqslant m\})$ 是一个广义犹豫模糊相似近似空间，且 $\mathbb{A}\in HF(U)$。对任意的 $0<\beta\leqslant\alpha\leqslant 1$，则 $\mathbb{A}$ 关于 $(U,\{\mathbb{R}_i|1\leqslant i\leqslant m\})$ 的下近似 $\underline{\sum_{i=1}^{m}\mathbb{R}_i}^{\mathrm{P}}(\mathbb{A})$ 的 $\alpha$ 截集与上近似 $\overline{\sum_{i=1}^{m}\mathbb{R}_i}^{\mathrm{P}}(\mathbb{A})$ 的 $\beta$ 截集分别定义如下：

$$\underline{\sum_{i=1}^{m}\mathbb{R}_i}^{\mathrm{P}}(\mathbb{A})_\alpha=\{x\in U|h^{\sigma(k)}_{\underline{\sum_{i=1}^{m}\mathbb{R}_i}^{\mathrm{P}}(\mathbb{A})}(x)\geqslant\alpha,k=1,2,\cdots,l(h_{\underline{\sum_{i=1}^{m}\mathbb{R}_i}^{\mathrm{P}}(\mathbb{A})}(x))\}$$

$$\overline{\sum_{i=1}^{m}\mathbb{R}_i}^{\mathrm{P}}(\mathbb{A})_\beta=\{x\in U|h^{\sigma(k)}_{\overline{\sum_{i=1}^{m}\mathbb{R}_i}^{\mathrm{P}}(\mathbb{A})}(x)\geqslant\beta,k=1,2,\cdots,l(h_{\overline{\sum_{i=1}^{m}\mathbb{R}_i}^{\mathrm{P}}(\mathbb{A})}(x))\}$$

**定理 6.11** 设 $(U,\{\mathbb{R}_i|1\leqslant i\leqslant m\})$ 是一个广义犹豫模糊相似近似空间，且 $\mathbb{A},\mathbb{B}\in HF(U)$，则对任意的 $0<\beta\leqslant\alpha\leqslant 1$，下面的性质成立：

(1) $\underline{\sum_{i=1}^{m}\mathbb{R}_i}^{\mathrm{P}}(\mathbb{A})_\alpha\subseteq\underline{\sum_{i=1}^{m}\mathbb{R}_i}^{\mathrm{P}}(\mathbb{A})_\beta$；

(2) $\overline{\sum_{i=1}^{m}\mathbb{R}_i}^{\mathrm{P}}(\mathbb{A})_\alpha\subseteq\overline{\sum_{i=1}^{m}\mathbb{R}_i}^{\mathrm{P}}(\mathbb{A})_\beta$；

(3) $\underline{\sum_{i=1}^{m}\mathbb{R}_i}^{\mathrm{P}}(\mathbb{A}\Cap\mathbb{B})_\alpha=\underline{\sum_{i=1}^{m}\mathbb{R}_i}^{\mathrm{P}}(\mathbb{A})_\alpha\cap\underline{\sum_{i=1}^{m}\mathbb{R}_i}^{\mathrm{P}}(\mathbb{B})_\alpha$；

(4) $\overline{\sum_{i=1}^{m}\mathbb{R}_i}^{\mathrm{P}}(\mathbb{A}\Cup\mathbb{B})_\beta=\overline{\sum_{i=1}^{m}\mathbb{R}_i}^{\mathrm{P}}(\mathbb{A})_\beta\cup\overline{\sum_{i=1}^{m}\mathbb{R}_i}^{\mathrm{P}}(\mathbb{B})_\beta$；

(5) $\mathbb{A}\sqsubseteq\mathbb{B}\Longrightarrow\underline{\sum_{i=1}^{m}\mathbb{R}_i}^{\mathrm{P}}(\mathbb{A})_\alpha\subseteq\underline{\sum_{i=1}^{m}\mathbb{R}_i}^{\mathrm{P}}(\mathbb{B})_\alpha$；

(6) $\mathbb{A}\sqsubseteq\mathbb{B}\Longrightarrow\overline{\sum_{i=1}^{m}\mathbb{R}_i}^{\mathrm{P}}(\mathbb{A})_\beta\subseteq\overline{\sum_{i=1}^{m}\mathbb{R}_i}^{\mathrm{P}}(\mathbb{B})_\beta$；

(7) $\underline{\sum_{i=1}^{m}\mathbb{R}_i}^{\mathrm{P}}(\mathbb{A}\Cup\mathbb{B})_\alpha\supseteq\underline{\sum_{i=1}^{m}\mathbb{R}_i}^{\mathrm{P}}(\mathbb{A})_\alpha\cup\underline{\sum_{i=1}^{m}\mathbb{R}_i}^{\mathrm{P}}(\mathbb{B})_\alpha$；

(8) $\overline{\sum_{i=1}^{m}\mathbb{R}_i}^{\mathrm{P}}(\mathbb{A}\Cap\mathbb{B})_\beta\subseteq\overline{\sum_{i=1}^{m}\mathbb{R}_i}^{\mathrm{P}}(\mathbb{A})_\beta\cap\overline{\sum_{i=1}^{m}\mathbb{R}_i}^{\mathrm{P}}(\mathbb{B})_\beta$。

**证明**：由定义 6.8、定理 6.9 和定理 6.10 直接得证。

## 6.3 单粒度犹豫模糊粗糙集与两种多粒度犹豫模糊粗糙集之间的关系

在前面几节中，我们主要讨论了乐观与悲观多粒度犹豫模糊粗糙集的一些基本性质。本节主要确立单粒度犹豫模糊粗糙集、乐观多粒度犹豫模糊粗糙集与悲观多粒度犹豫模糊粗糙集这三者之间的关系。

**定理 6.12** 设 $(U, \{\mathbb{R}_i|1 \leqslant i \leqslant m\})$ 是一个广义犹豫模糊相似近似空间，且 $\mathbb{A} \in HF(U)$，则下面的性质成立：

(1) $\underline{\sum\limits_{i=1}^{m} \mathbb{R}_i}^{\mathrm{O}}(\mathbb{A}) \sqsubseteq \underline{\Cap\limits_{i=1}^{m} \mathbb{R}_i}(\mathbb{A})$；

(2) $\overline{\sum\limits_{i=1}^{m} \mathbb{R}_i}^{\mathrm{O}}(\mathbb{A}) \sqsupseteq \overline{\Cap\limits_{i=1}^{m} \mathbb{R}_i}(\mathbb{A})$；

(3) $\underline{\sum\limits_{i=1}^{m} \mathbb{R}_i}^{\mathrm{P}}(\mathbb{A}) = \underline{\Cup\limits_{i=1}^{m} \mathbb{R}_i}(\mathbb{A})$；

(4) $\overline{\sum\limits_{i=1}^{m} \mathbb{R}_i}^{\mathrm{P}}(\mathbb{A}) = \overline{\Cup\limits_{i=1}^{m} \mathbb{R}_i}(\mathbb{A})$。

**证明**：(1) 对任意的 $x \in U$，由式 (6.1) 和定理 2.1 可知，

$$
\begin{aligned}
h_{\underline{\Cap_{i=1}^{m} \mathbb{R}_i}(\mathbb{A})}(x) &= \overline{\wedge}_{y \in U}\{h_{(\Cap_{i=1}^{m} \mathbb{R}_i)^{\mathrm{c}}}(x, y) \veebar h_{\mathbb{A}}(y)\} \\
&= \overline{\wedge}_{y \in U}\{h_{\Cup_{i=1}^{m} \mathbb{R}_i{}^{\mathrm{c}}}(x, y) \veebar h_{\mathbb{A}}(y)\} \\
&= \left\{ \bigwedge_{y \in U} \left( \bigvee_{i=1}^{m} h_{\mathbb{R}_i{}^{\mathrm{c}}}^{\sigma(k)}(x, y) \vee h_{\mathbb{A}}^{\sigma(k)}(y) \right) \middle| k = 1, 2, \cdots, l_x \right\} \\
&\succeq \left\{ \bigvee_{i=1}^{m} \bigwedge_{y \in U} (h_{\mathbb{R}_i{}^{\mathrm{c}}}^{\sigma(k)}(x, y) \vee h_{\mathbb{A}}^{\sigma(k)}(y)) | k = 1, 2, \cdots, l_x \right\} \\
&= h_{\Cup_{i=1}^{m} \underline{\mathbb{R}_i}(\mathbb{A})}(x) = h_{\underline{\sum_{i=1}^{m} \mathbb{R}_i}^{\mathrm{O}}(\mathbb{A})}(x)
\end{aligned}
$$

式中，$l_x = \max \max\limits_{1 \leqslant i \leqslant m} \max\limits_{y \in U}\{l(h_{\mathbb{R}_i}(x, y)), l(h_{\mathbb{A}}(y))\}$。

因此，
$$\underline{\sum_{i=1}^{m}\mathbb{R}_i}^{\mathrm{O}}(\mathbb{A}) \sqsubseteq \underline{\Cap_{i=1}^{m}\mathbb{R}_i}(\mathbb{A})$$

(2) 证明与结论 (1) 的证明类似。

(3) 对任意的 $x \in U$，根据式 (6.1) 和定理 2.1，可以得到

$$\begin{aligned}
h_{\underline{\Cup_{i=1}^{m}\mathbb{R}_i}(\mathbb{A})}(x) &= \overline{\wedge}_{y\in U}\{h_{(\Cup_{i=1}^{m}\mathbb{R}_i)^c}(x,y) \veebar h_{\mathbb{A}}(y)\} = \overline{\wedge}_{y\in U}\{h_{\Cap_{i=1}^{m}\mathbb{R}_i{}^c}(x,y) \veebar h_{\mathbb{A}}(y)\} \\
&= \left\{\bigwedge_{y\in U}\left(\bigwedge_{i=1}^{m} h^{\sigma(k)}_{\mathbb{R}_i{}^c}(x,y)\right) \vee h^{\sigma(k)}_{\mathbb{A}}(y) | k=1,2,\cdots,l_x\right\} \\
&= \left\{\bigwedge_{y\in U}\bigwedge_{i=1}^{m}(h^{\sigma(k)}_{\mathbb{R}_i{}^c}(x,y) \vee h^{\sigma(k)}_{\mathbb{A}}(y)) | k=1,2,\cdots,l_x\right\} \\
&= \left\{\bigwedge_{i=1}^{m}\bigwedge_{y\in U}(h^{\sigma(k)}_{\mathbb{R}_i{}^c}(x,y) \vee h^{\sigma(k)}_{\mathbb{A}}(y)) | k=1,2,\cdots,l_x\right\} \\
&= h_{\Cap_{i=1}^{m}\underline{\mathbb{R}_i}(\mathbb{A})}(x) = h_{\underline{\sum_{i=1}^{m}\mathbb{R}_i}^{\mathrm{P}}(\mathbb{A})}(x)
\end{aligned}$$

式中，$l_x = \max \max_{1\leqslant i\leqslant m} \max_{y\in U}\{l(h_{\mathbb{R}_i}(x,y)), l(h_{\mathbb{A}}(y))\}$。

因此，
$$\underline{\sum_{i=1}^{m}\mathbb{R}_i}^{\mathrm{P}}(\mathbb{A}) = \underline{\Cup_{i=1}^{m}\mathbb{R}_i}(\mathbb{A})$$

(4) 证明与结论 (3) 的证明类似。

定理 6.12 刻画了乐观多粒度犹豫模糊粗糙集与单粒度犹豫模糊粗糙集之间的关系，同时也反映了悲观多粒度犹豫模糊粗糙集与单粒度犹豫模糊粗糙集之间的关系。

**定理 6.13** 设 $(U, \{\mathbb{R}_i|1 \leqslant i \leqslant m\})$ 是一个广义犹豫模糊相似近似空间，且 $\mathbb{A} \in HF(U)$，则

(1) $\underline{\sum_{i=1}^{m}\mathbb{R}_i}^{\mathrm{P}}(\mathbb{A}) \sqsubseteq \underline{\mathbb{R}_i}(\mathbb{A}) \sqsubseteq \underline{\sum_{i=1}^{m}\mathbb{R}_i}^{\mathrm{O}}(\mathbb{A})$;

(2) $\overline{\sum_{i=1}^{m}\mathbb{R}_i}^{\mathrm{P}}(\mathbb{A}) \sqsupseteq \overline{\mathbb{R}_i}(\mathbb{A}) \sqsupseteq \overline{\sum_{i=1}^{m}\mathbb{R}_i}^{\mathrm{O}}(\mathbb{A})$。

**证明：** 利用定理 6.4 和定理 6.8 可以得证。

上面的定理 6.13 表明了单粒度犹豫模糊粗糙集、乐观多粒度犹豫模糊粗糙集与悲观多粒度犹豫模糊粗糙集三者之间的关系。例如，悲观多粒度犹豫模糊下近

似是包含于单粒度犹豫模糊下近似的，而乐观多粒度犹豫模糊下近似是包含单粒度犹豫模糊下近似的。但是对多粒度犹豫模糊上近似而言，包含顺序恰好与下近似是相反的。

**定理 6.14** 设 $(U,\{\mathbb{R}_i|1\leqslant i\leqslant m\})$ 是一个广义犹豫模糊相似近似空间，且 $\mathbb{A}\in HF(U)$，则

(1) $\underline{\sum_{i=1}^{m}\mathbb{R}_i}^{\mathrm{O}}(\mathbb{A})\sqsupseteq\underline{\Cup_{i=1}^{m}\mathbb{R}_i(\mathbb{A})}$；

(2) $\overline{\sum_{i=1}^{m}\mathbb{R}_i}^{\mathrm{O}}(\mathbb{A})\sqsubseteq\overline{\Cup_{i=1}^{m}\mathbb{R}_i(\mathbb{A})}$；

(3) $\underline{\sum_{i=1}^{m}\mathbb{R}_i}^{\mathrm{P}}(\mathbb{A})\sqsubseteq\underline{\Cap_{i=1}^{m}\mathbb{R}_i(\mathbb{A})}$；

(4) $\overline{\sum_{i=1}^{m}\mathbb{R}_i}^{\mathrm{P}}(\mathbb{A})\sqsupseteq\overline{\Cap_{i=1}^{m}\mathbb{R}_i(\mathbb{A})}$。

**证明**：利用定理 6.12 和定理 6.13 直接可以得证。

## 6.4 乐观与悲观多粒度犹豫模糊粗糙集的粗糙度

一般来说，集合的不确定性是由于边界区域的存在造成的。一个集合的边界区域越大，说明这个集合的精度就越低。为了精确地表达这一想法，精度和粗糙度一般被研究者用来刻画集合粗糙近似的程度。针对前几节的多粒度犹豫模糊粗糙集，我们引入犹豫模糊集的乐观与悲观粗糙度的概念。

**定义 6.9** 设 $(U,\{\mathbb{R}_i|1\leqslant i\leqslant m\})$ 是一个广义犹豫模糊相似近似空间，且 $\mathbb{A}\in HF(U)$。犹豫模糊集 $\mathbb{A}$ 在 $(U,\{\mathbb{R}_i|1\leqslant i\leqslant m\})$ 中的乐观与悲观粗糙度分别定义为

$$\rho^{\mathrm{O}}_{\sum_{i=1}^{m}\mathbb{R}_i}(\mathbb{A})=1-\frac{\left|\underline{\sum_{i=1}^{m}\mathbb{R}_i}^{\mathrm{O}}(\mathbb{A})\right|}{\left|\overline{\sum_{i=1}^{m}\mathbb{R}_i}^{\mathrm{O}}(\mathbb{A})\right|}$$

$$\rho^{\mathrm{P}}_{\sum_{i=1}^{m}\mathbb{R}_i}(\mathbb{A}) = 1 - \frac{\left|\underline{\sum_{i=1}^{m}\mathbb{R}_i}^{\mathrm{P}}(\mathbb{A})\right|}{\left|\overline{\sum_{i=1}^{m}\mathbb{R}_i}^{\mathrm{P}}(\mathbb{A})\right|}$$

式中，$|\cdot|$ 表示犹豫模糊集的基数。

如果 $\left|\overline{\sum_{i=1}^{m}\mathbb{R}_i}^{\mathrm{O}}(\mathbb{A})\right| = 0$ 或 $\left|\overline{\sum_{i=1}^{m}\mathbb{R}_i}^{\mathrm{P}}(\mathbb{A})\right| = 0$，定义 $\rho^{\mathrm{O}}_{\sum_{i=1}^{m}\mathbb{R}_i}(\mathbb{A}) = 0$ 或 $\rho^{\mathrm{P}}_{\sum_{i=1}^{m}\mathbb{R}_i}(\mathbb{A}) = 0$。

**定义 6.10** 设 $(U, \{\mathbb{R}_i | 1 \leqslant i \leqslant m\})$ 是一个广义犹豫模糊相似近似空间，且 $\mathbb{A} \in HF(U)$。对任意的 $0 < \beta \leqslant \alpha \leqslant 1$，犹豫模糊集 $\mathbb{A}$ 在 $(U, \{\mathbb{R}_i | 1 \leqslant i \leqslant m\})$ 中关于变量 $\alpha, \beta$ 的乐观与悲观粗糙度分别定义如下：

$$\rho^{\mathrm{O}}_{\sum_{i=1}^{m}\mathbb{R}_i}(\mathbb{A})_{\alpha,\beta} = 1 - \frac{\left|\underline{\sum_{i=1}^{m}\mathbb{R}_i}^{\mathrm{O}}(\mathbb{A})_{\alpha}\right|}{\left|\overline{\sum_{i=1}^{m}\mathbb{R}_i}^{\mathrm{O}}(\mathbb{A})_{\beta}\right|}$$

$$\rho^{\mathrm{P}}_{\sum_{i=1}^{m}\mathbb{R}_i}(\mathbb{A})_{\alpha,\beta} = 1 - \frac{\left|\underline{\sum_{i=1}^{m}\mathbb{R}_i}^{\mathrm{P}}(\mathbb{A})_{\alpha}\right|}{\left|\overline{\sum_{i=1}^{m}\mathbb{R}_i}^{\mathrm{P}}(\mathbb{A})_{\beta}\right|}$$

式中，$|\cdot|$ 表示普通集合的基数。

如果 $\left|\overline{\sum_{i=1}^{m}\mathbb{R}_i}^{\mathrm{O}}(\mathbb{A})_{\beta}\right| = 0$ 或 $\left|\overline{\sum_{i=1}^{m}\mathbb{R}_i}^{\mathrm{P}}(\mathbb{A})_{\beta}\right| = 0$，定义 $\rho^{\mathrm{O}}_{\sum_{i=1}^{m}\mathbb{R}_i}(\mathbb{A})_{\alpha,\beta} = 0$ 或 $\rho^{\mathrm{P}}_{\sum_{i=1}^{m}\mathbb{R}_i}(\mathbb{A})_{\alpha,\beta} = 0$。

在下文中，为方便起见，犹豫模糊集 $\mathbb{A}$ 在 $(U, \{\mathbb{R}_i | 1 \leqslant i \leqslant m\})$ 中的乐观与悲观粗糙度记为 $\rho^{\mathrm{O,P}}_{\sum_{i=1}^{m}\mathbb{R}_i}(\mathbb{A})$。类似地，犹豫模糊集 $\mathbb{A}$ 在 $(U, \{\mathbb{R}_i | 1 \leqslant i \leqslant m\})$ 中关于变量 $\alpha, \beta$ 的乐观与悲观粗糙度记为 $\rho^{\mathrm{O,P}}_{\sum_{i=1}^{m}\mathbb{R}_i}(\mathbb{A})_{\alpha,\beta}$。

**定理 6.15** 对任意的 $0<\beta\leqslant\alpha\leqslant 1$，则下面的性质成立:

(1) $0\leqslant\rho^{\mathrm{O,P}}_{\sum_{i=1}^{m}\mathbb{R}_i}(\mathbb{A})\leqslant 1,\quad 0\leqslant\rho^{\mathrm{O,P}}_{\sum_{i=1}^{m}\mathbb{R}_i}(\mathbb{A})_{\alpha,\beta}\leqslant 1;$

(2) $\rho^{\mathrm{O,P}}_{\sum_{i=1}^{m}\mathbb{R}_i}(\mathbb{A})_{\alpha,\beta}$ 对变量 $\alpha$ 不减，对变量 $\beta$ 不增。

**证明**：(1) 首先，根据定理 6.5 和定理 6.9，可以得到 $0\leqslant\rho^{\mathrm{O,P}}_{\sum_{i=1}^{m}\mathbb{R}_i}(\mathbb{A})\leqslant 1$。其次，对任意的 $0<\beta\leqslant\alpha\leqslant 1$，我们有

$$\underline{\sum_{i=1}^{m}\mathbb{R}_i}^{\mathrm{O}}(\mathbb{A})_{\alpha}\subseteq\overline{\sum_{i=1}^{m}\mathbb{R}_i}^{\mathrm{O}}(\mathbb{A})_{\beta},\quad \underline{\sum_{i=1}^{m}\mathbb{R}_i}^{\mathrm{P}}(\mathbb{A})_{\alpha}\subseteq\overline{\sum_{i=1}^{m}\mathbb{R}_i}^{\mathrm{P}}(\mathbb{A})_{\beta}$$

从而，$0\leqslant\rho^{\mathrm{O,P}}_{\sum_{i=1}^{m}\mathbb{R}_i}(\mathbb{A})_{\alpha,\beta}\leqslant 1$。

(2) 设 $\alpha_1<\alpha_2$，由定理 6.7 和定理 6.11 可知

$$\underline{\sum_{i=1}^{m}\mathbb{R}_i}^{\mathrm{O}}(\mathbb{A})_{\alpha_2}\subseteq\underline{\sum_{i=1}^{m}\mathbb{R}_i}^{\mathrm{O}}(\mathbb{A})_{\alpha_1},\quad \underline{\sum_{i=1}^{m}\mathbb{R}_i}^{\mathrm{P}}(\mathbb{A})_{\alpha_2}\subseteq\underline{\sum_{i=1}^{m}\mathbb{R}_i}^{\mathrm{P}}(\mathbb{A})_{\alpha_1}$$

这意味着

$$\left|\underline{\sum_{i=1}^{m}\mathbb{R}_i}^{\mathrm{O}}(\mathbb{A})_{\alpha_2}\right|\leqslant\left|\underline{\sum_{i=1}^{m}\mathbb{R}_i}^{\mathrm{O}}(\mathbb{A})_{\alpha_1}\right|,\quad \left|\underline{\sum_{i=1}^{m}\mathbb{R}_i}^{\mathrm{P}}(\mathbb{A})_{\alpha_2}\right|\leqslant\left|\underline{\sum_{i=1}^{m}\mathbb{R}_i}^{\mathrm{P}}(\mathbb{A})_{\alpha_1}\right|$$

从而 $\rho^{\mathrm{O,P}}_{\sum_{i=1}^{m}\mathbb{R}_i}(\mathbb{A})_{\alpha_1,\beta}\leqslant\rho^{\mathrm{O,P}}_{\sum_{i=1}^{m}\mathbb{R}_i}(\mathbb{A})_{\alpha_2,\beta}$。

如果 $\beta_1<\beta_2$，则由定理 6.7 和定理 6.11 可知

$$\overline{\sum_{i=1}^{m}\mathbb{R}_i}^{\mathrm{O}}(\mathbb{A})_{\beta_2}\subseteq\overline{\sum_{i=1}^{m}\mathbb{R}_i}^{\mathrm{O}}(\mathbb{A})_{\beta_1},\quad \overline{\sum_{i=1}^{m}\mathbb{R}_i}^{\mathrm{P}}(\mathbb{A})_{\beta_2}\subseteq\overline{\sum_{i=1}^{m}\mathbb{R}_i}^{\mathrm{P}}(\mathbb{A})_{\beta_1}$$

从而

$$\left|\overline{\sum_{i=1}^{m}\mathbb{R}_i}^{\mathrm{O}}(\mathbb{A})_{\beta_2}\right|\leqslant\left|\overline{\sum_{i=1}^{m}\mathbb{R}_i}^{\mathrm{O}}(\mathbb{A})_{\beta_1}\right|,\quad \left|\overline{\sum_{i=1}^{m}\mathbb{R}_i}^{\mathrm{P}}(\mathbb{A})_{\beta_2}\right|\leqslant\left|\overline{\sum_{i=1}^{m}\mathbb{R}_i}^{\mathrm{P}}(\mathbb{A})_{\beta_1}\right|$$

因此，$\rho^{\mathrm{O,P}}_{\sum_{i=1}^{m}\mathbb{R}_i}(\mathbb{A})_{\alpha,\beta_1}\geqslant\rho^{\mathrm{O,P}}_{\sum_{i=1}^{m}\mathbb{R}_i}(\mathbb{A})_{\alpha,\beta_2}$。

接下来，研究犹豫模糊集 $\mathbb{A}$ 在 $(U,\{\mathbb{R}_i|1\leqslant i\leqslant m\})$ 中关于变量 $\alpha,\beta$ 粗糙度的一些性质。

**定理 6.16** 设 $\mathbb{A}$ 与 $\mathbb{B}$ 是两个犹豫模糊集，且 $\mathbb{A} \sqsubseteq \mathbb{B}$，则下面的性质成立：

(1) 如果 $\overline{\sum_{i=1}^{m}\mathbb{R}_i}^{O}(\mathbb{A})_\beta = \overline{\sum_{i=1}^{m}\mathbb{R}_i}^{O}(\mathbb{B})_\beta$，$\overline{\sum_{i=1}^{m}\mathbb{R}_i}^{P}(\mathbb{A})_\beta = \overline{\sum_{i=1}^{m}\mathbb{R}_i}^{P}(\mathbb{B})_\beta$，则 $\rho^{O,P}_{\sum_{i=1}^{m}\mathbb{R}_i}(\mathbb{A})_{\alpha,\beta} \geqslant \rho^{O,P}_{\sum_{i=1}^{m}\mathbb{R}_i}(\mathbb{B})_{\alpha,\beta}$。

(2) 如果 $\underline{\sum_{i=1}^{m}\mathbb{R}_i}^{O}(\mathbb{A})_\alpha = \underline{\sum_{i=1}^{m}\mathbb{R}_i}^{O}(\mathbb{B})_\alpha$，$\underline{\sum_{i=1}^{m}\mathbb{R}_i}^{P}(\mathbb{A})_\alpha = \underline{\sum_{i=1}^{m}\mathbb{R}_i}^{P}(\mathbb{B})_\alpha$，则 $\rho^{O,P}_{\sum_{i=1}^{m}\mathbb{R}_i}(\mathbb{A})_{\alpha,\beta} \leqslant \rho^{O,P}_{\sum_{i=1}^{m}\mathbb{R}_i}(\mathbb{B})_{\alpha,\beta}$。

**证明**：我们仅证明结论 (1)，(2) 的证明与结论 (1) 的类似，不再赘述。因为 $\mathbb{A} \sqsubseteq \mathbb{B}$，所以根据定理 6.7 和定理 6.11 可得

$$\underline{\sum_{i=1}^{m}\mathbb{R}_i}^{O}(\mathbb{A})_\alpha \subseteq \underline{\sum_{i=1}^{m}\mathbb{R}_i}^{O}(\mathbb{B})_\alpha,\quad \underline{\sum_{i=1}^{m}\mathbb{R}_i}^{P}(\mathbb{A})_\alpha \subseteq \underline{\sum_{i=1}^{m}\mathbb{R}_i}^{P}(\mathbb{B})_\alpha$$

注意到

$$\overline{\sum_{i=1}^{m}\mathbb{R}_i}^{O}(\mathbb{A})_\beta = \overline{\sum_{i=1}^{m}\mathbb{R}_i}^{O}(\mathbb{B})_\beta,\quad \overline{\sum_{i=1}^{m}\mathbb{R}_i}^{P}(\mathbb{A})_\beta = \overline{\sum_{i=1}^{m}\mathbb{R}_i}^{P}(\mathbb{B})_\beta$$

故由定义 6.10 可得 $\rho^{O,P}_{\sum_{i=1}^{m}\mathbb{R}_i}(\mathbb{A})_{\alpha,\beta} \geqslant \rho^{O,P}_{\sum_{i=1}^{m}\mathbb{R}_i}(\mathbb{B})_{\alpha,\beta}$。

**定理 6.17** 设 $(U, \{\mathbb{R}_i | 1 \leqslant i \leqslant m\})$ 是一个广义犹豫模糊相似近似空间，且 $\mathbb{A} \in HF(U)$。若 $\mathbb{R}_1 \sqsubseteq \mathbb{R}_2 \sqsubseteq \cdots \sqsubseteq \mathbb{R}_m$，则 $\rho^{O}_{\sum_{i=1}^{m}\mathbb{R}_i}(\mathbb{A})_{\alpha,\beta} = \rho^{O}_{\mathbb{R}_1}(\mathbb{A})_{\alpha,\beta}$，$\rho^{P}_{\sum_{i=1}^{m}\mathbb{R}_i}(\mathbb{A})_{\alpha,\beta} = \rho^{P}_{\mathbb{R}_m}(\mathbb{A})_{\alpha,\beta}$。

**证明**：由于 $\mathbb{R}_1 \sqsubseteq \mathbb{R}_2 \sqsubseteq \cdots \sqsubseteq \mathbb{R}_m$，则由定理 6.3 可得

$$\underline{\mathbb{R}_m}(\mathbb{A}) \sqsubseteq \cdots \sqsubseteq \underline{\mathbb{R}_1}(\mathbb{A}),\quad \overline{\mathbb{R}_1}(\mathbb{A}) \sqsubseteq \cdots \sqsubseteq \overline{\mathbb{R}_m}(\mathbb{A})$$

于是再根据定理 6.4，有

$$\underline{\sum_{i=1}^{m}\mathbb{R}_i}^{O}(\mathbb{A}) = \underline{\mathbb{R}_1}(\mathbb{A}),\quad \overline{\sum_{i=1}^{m}\mathbb{R}_i}^{O}(\mathbb{A}) = \overline{\mathbb{R}_1}(\mathbb{A})$$

这意味着 $\rho^{O}_{\sum_{i=1}^{m}\mathbb{R}_i}(\mathbb{A})_{\alpha,\beta} = \rho^{O}_{\mathbb{R}_1}(\mathbb{A})_{\alpha,\beta}$。类似地，可以证明 $\rho^{P}_{\sum_{i=1}^{m}\mathbb{R}_i}(\mathbb{A})_{\alpha,\beta} = \rho^{P}_{\mathbb{R}_m}(\mathbb{A})_{\alpha,\beta}$。

**定理 6.18** 设 $(U,\{\mathbb{R}_i|1\leqslant i\leqslant m\})$ 是一个广义犹豫模糊相似近似空间，且 $\mathbb{A}\in HF(U)$。对任意的 $0<\beta_1\leqslant\beta_2\leqslant\alpha_1\leqslant\alpha_2\leqslant 1$，则 $\rho^{\mathrm{O,P}}_{\sum\limits_{i=1}^{m}\mathbb{R}_i}(\mathbb{A})_{\alpha_1,\beta_2}\leqslant\rho^{\mathrm{O,P}}_{\sum\limits_{i=1}^{m}\mathbb{R}_i}(\mathbb{A})_{\alpha_2,\beta_1}$。

**证明**：因为 $0<\beta_1\leqslant\beta_2\leqslant\alpha_1\leqslant\alpha_2\leqslant 1$，所以通过定理 6.7可得

$$\underline{\sum_{i=1}^{m}\mathbb{R}_i}^{\mathrm{O}}(\mathbb{A})_{\alpha_2}\subseteq\underline{\sum_{i=1}^{m}\mathbb{R}_i}^{\mathrm{O}}(\mathbb{A})_{\alpha_1},\quad\overline{\sum_{i=1}^{m}\mathbb{R}_i}^{\mathrm{O}}(\mathbb{A})_{\beta_2}\subseteq\overline{\sum_{i=1}^{m}\mathbb{R}_i}^{\mathrm{O}}(\mathbb{A})_{\beta_1}$$

故由定义 6.10 可得 $\rho^{\mathrm{O}}_{\sum\limits_{i=1}^{m}\mathbb{R}_i}(\mathbb{A})_{\alpha_1,\beta_2}\leqslant\rho^{\mathrm{O}}_{\sum\limits_{i=1}^{m}\mathbb{R}_i}(\mathbb{A})_{\alpha_2,\beta_1}$。类似地，可以证明 $\rho^{\mathrm{P}}_{\sum\limits_{i=1}^{m}\mathbb{R}_i}(\mathbb{A})_{\alpha_1,\beta_2}\leqslant\rho^{\mathrm{P}}_{\sum\limits_{i=1}^{m}\mathbb{R}_i}(\mathbb{A})_{\alpha_2,\beta_1}$。

接下来，确立犹豫模糊集 $\mathbb{A}$ 在 $(U,\{\mathbb{R}_i|1\leqslant i\leqslant m\})$ 中的乐观与悲观粗糙度及其犹豫模糊集 $\mathbb{A}$ 的粗糙度这三者之间的关系。

**定理 6.19** 设 $(U,\{\mathbb{R}_i|1\leqslant i\leqslant m\})$ 是一个广义犹豫模糊相似近似空间，且 $\mathbb{A}\in HF(U)$，则犹豫模糊集 $\mathbb{A}$ 在 $(U,\{\mathbb{R}_i|1\leqslant i\leqslant m\})$ 中的乐观与悲观粗糙度及其犹豫模糊集 $\mathbb{A}$ 的粗糙度三者之间存在关系如下：

$$\rho_{\Cup_{i=1}^{m}\mathbb{R}_i}(\mathbb{A})=\rho^{\mathrm{P}}_{\sum\limits_{i=1}^{m}\mathbb{R}_i}(\mathbb{A})\geqslant\rho_{\mathbb{R}_i}(\mathbb{A})\geqslant\rho^{\mathrm{O}}_{\sum\limits_{i=1}^{m}\mathbb{R}_i}(\mathbb{A})\geqslant\rho_{\Cap_{i=1}^{m}\mathbb{R}_i}(\mathbb{A})$$

**证明**：由定理 6.12、定理 6.13 和定义 6.9 直接得证。

**定理 6.20** 设 $(U,\{\mathbb{R}_i|1\leqslant i\leqslant m\})$ 是一个广义犹豫模糊相似近似空间，且 $\mathbb{A}\in HF(U)$，则犹豫模糊集 $\mathbb{A}$ 在 $(U,\{\mathbb{R}_i|1\leqslant i\leqslant m\})$ 中关于变量 $\alpha,\beta$ 的乐观与悲观粗糙度及其犹豫模糊集 $\mathbb{A}$ 关于变量 $\alpha,\beta$ 的粗糙度三者之间存在关系如下：

$$\rho_{\Cup_{i=1}^{m}\mathbb{R}_i}(\mathbb{A})_{\alpha,\beta}=\rho^{\mathrm{P}}_{\sum\limits_{i=1}^{m}\mathbb{R}_i}(\mathbb{A})_{\alpha,\beta}\geqslant\rho_{\mathbb{R}_i}(\mathbb{A})_{\alpha,\beta}\geqslant\rho^{\mathrm{O}}_{\sum\limits_{i=1}^{m}\mathbb{R}_i}(\mathbb{A})_{\alpha,\beta}\geqslant\rho_{\Cap_{i=1}^{m}\mathbb{R}_i}(\mathbb{A})_{\alpha,\beta}$$

**证明**：由定理 6.12、定理 6.13 和定义 6.10 可得

$$\underline{\bigcup_{i=1}^{m}}\mathbb{R}_i(\mathbb{A})_{\alpha,\beta}=\underline{\sum_{i=1}^{m}\mathbb{R}_i}^{\mathrm{P}}(\mathbb{A})_{\alpha,\beta}\subseteq\underline{\mathbb{R}_i}(\mathbb{A})_{\alpha,\beta}\subseteq\underline{\sum_{i=1}^{m}\mathbb{R}_i}^{\mathrm{O}}(\mathbb{A})_{\alpha,\beta}\subseteq\underline{\bigcap_{i=1}^{m}}\mathbb{R}_i(\mathbb{A})_{\alpha,\beta}$$

$$\overline{\bigcup_{i=1}^{m}}\mathbb{R}_i(\mathbb{A})_{\alpha,\beta}=\overline{\sum_{i=1}^{m}\mathbb{R}_i}^{\mathrm{P}}(\mathbb{A})_{\alpha,\beta}\supseteq\overline{\mathbb{R}_i}(\mathbb{A})_{\alpha,\beta}\supseteq\overline{\sum_{i=1}^{m}\mathbb{R}_i}^{\mathrm{O}}(\mathbb{A})_{\alpha,\beta}\supseteq\overline{\bigcap_{i=1}^{m}}\mathbb{R}_i(\mathbb{A})_{\alpha,\beta}$$

这就是说，

$$\frac{\left|\underline{\bigcup_{i=1}^{m}}\mathbb{R}_i(\mathbb{A})_{\alpha,\beta}\right|}{\left|\overline{\bigcup_{i=1}^{m}}\mathbb{R}_i(\mathbb{A})_{\alpha,\beta}\right|}=\frac{\left|\underline{\sum_{i=1}^{m}\mathbb{R}_i}^{\mathrm{P}}(\mathbb{A})_{\alpha,\beta}\right|}{\left|\overline{\sum_{i=1}^{m}\mathbb{R}_i}^{\mathrm{P}}(\mathbb{A})_{\alpha,\beta}\right|}\leqslant\frac{|\underline{\mathbb{R}_i}(\mathbb{A})_{\alpha,\beta}|}{|\overline{\mathbb{R}_i}(\mathbb{A})_{\alpha,\beta}|}$$

$$\leqslant\frac{\left|\underline{\sum_{i=1}^{m}\mathbb{R}_i}^{\mathrm{O}}(\mathbb{A})_{\alpha,\beta}\right|}{\left|\overline{\sum_{i=1}^{m}\mathbb{R}_i}^{\mathrm{O}}(\mathbb{A})_{\alpha,\beta}\right|}\leqslant\frac{\left|\underline{\bigcap_{i=1}^{m}}\mathbb{R}_i(\mathbb{A})_{\alpha,\beta}\right|}{\left|\overline{\bigcap_{i=1}^{m}}\mathbb{R}_i(\mathbb{A})_{\alpha,\beta}\right|}$$

因此，可以得到结论

$$\rho_{\bigcup_{i=1}^{m}\mathbb{R}_i}(\mathbb{A})_{\alpha,\beta}=\rho^{\mathrm{P}}_{\sum_{i=1}^{m}\mathbb{R}_i}(\mathbb{A})_{\alpha,\beta}\geqslant\rho_{\mathbb{R}_i}(\mathbb{A})_{\alpha,\beta}\geqslant\rho^{\mathrm{O}}_{\sum_{i=1}^{m}\mathbb{R}_i}(\mathbb{A})_{\alpha,\beta}\geqslant\rho_{\bigcap_{i=1}^{m}\mathbb{R}_i}(\mathbb{A})_{\alpha,\beta}$$

上面的定理 6.20 表明了犹豫模糊集 $\mathbb{A}$ 在 $(U,\{\mathbb{R}_i|1\leqslant i\leqslant m\})$ 中关于变量 $\alpha,\beta$ 的乐观与悲观粗糙度及其犹豫模糊集 $\mathbb{A}$ 关于变量 $\alpha,\beta$ 的粗糙度这三者之间的关系。接下来，通过一个例子来验证定理 6.19 和定理 6.20 的有效性。

**例 6.3**　接着研究例 6.1 与例 6.2。根据定义 6.9，可以计算出犹豫模糊集 $\mathbb{A}$ 在 $(U,\mathbb{R},\mathbb{S})$ 中的乐观与悲观粗糙度及其犹豫模糊集 $\mathbb{A}$ 的粗糙度如下：

$$\rho_{\mathbb{R}\Cup\mathbb{S}}(\mathbb{A})=1-\frac{|\underline{\mathbb{R}\Cup\mathbb{S}}(\mathbb{A})|}{|\overline{\mathbb{R}\Cup\mathbb{S}}(\mathbb{A})|}=1-\frac{3.8}{5.1}\approx0.255$$

$$\rho^{\mathrm{P}}_{\mathbb{R}+\mathbb{S}}(\mathbb{A})=1-\frac{|\underline{\mathbb{R}+\mathbb{S}}^{\mathrm{P}}(\mathbb{A})|}{|\overline{\mathbb{R}+\mathbb{S}}^{\mathrm{P}}(\mathbb{A})|}=1-\frac{3.8}{5.1}\approx0.255$$

$$\rho_{\mathbb{R}}(\mathbb{A})=1-\frac{|\underline{\mathbb{R}}(\mathbb{A})|}{|\overline{\mathbb{R}}(\mathbb{A})|}=1-\frac{3.8}{5.0}=0.24$$

$$\rho_{\mathbb{S}}(\mathbb{A})=1-\frac{|\underline{\mathbb{S}}(\mathbb{A})|}{|\overline{\mathbb{S}}(\mathbb{A})|}=1-\frac{4.1}{4.8}\approx0.155$$

$$\rho^{\mathrm{O}}_{\mathbb{R}+\mathbb{S}}(\mathbb{A})=1-\frac{|\underline{\mathbb{R}+\mathbb{S}}^{\mathrm{O}}(\mathbb{A})|}{|\overline{\mathbb{R}+\mathbb{S}}^{\mathrm{O}}(\mathbb{A})|}=1-\frac{4.1}{4.7}\approx0.128$$

$$\rho_{\mathbb{R}\Cap\mathbb{S}}(\mathbb{A}) = 1 - \frac{|\underline{\mathbb{R}\Cap\mathbb{S}}(\mathbb{A})|}{|\overline{\mathbb{R}\Cap\mathbb{S}}(\mathbb{A})|} = 1 - \frac{4.2}{4.6} \approx 0.087$$

从上面的结果可以得到以下结论：

$$\rho_{\mathbb{R}\Cup\mathbb{S}}(\mathbb{A}) = \rho^{\mathrm{P}}_{\mathbb{R}+\mathbb{S}}(\mathbb{A}) \geqslant \rho_{\mathbb{R}}(\mathbb{A}) \geqslant \rho^{\mathrm{O}}_{\mathbb{R}+\mathbb{S}}(\mathbb{A}) \geqslant \rho_{\mathbb{R}\Cap\mathbb{S}}(\mathbb{A})$$

$$\rho_{\mathbb{R}\Cup\mathbb{S}}(\mathbb{A}) = \rho^{\mathrm{P}}_{\mathbb{R}+\mathbb{S}}(\mathbb{A}) \geqslant \rho_{\mathbb{S}}(\mathbb{A}) \geqslant \rho^{\mathrm{O}}_{\mathbb{R}+\mathbb{S}}(\mathbb{A}) \geqslant \rho_{\mathbb{R}\Cap\mathbb{S}}(\mathbb{A})$$

这意味着，定理 6.19 是成立的。

另一方面，令 $\alpha = 0.3$，$\beta = 0.2$，我们也可以验证定理 6.20 是成立的。

## 6.5　多粒度犹豫模糊决策信息系统的近似约简

在本节中，我们基于多粒度犹豫模糊粗糙集模型确立一种多粒度犹豫模糊决策信息系统的近似约简方法。约简的主要目的是为了得到保持多粒度犹豫模糊决策信息系统连续性的犹豫模糊关系的最小子集。

**定义 6.11**　设 $apr = (U, \mathbb{R} = \{\mathbb{R}_i | 1 \leqslant i \leqslant m\})$ 是一个广义犹豫模糊相似近似空间，且对任意的 $\mathbb{A} \in HF(U)$，$\underline{\mathbb{R}}^{\mathrm{O}}, \overline{\mathbb{R}}^{\mathrm{O}}, \underline{\mathbb{R}}^{\mathrm{P}}, \overline{\mathbb{R}}^{\mathrm{P}} \subseteq \mathbb{R}$。

(1) 若 $\underline{\sum_{\mathbb{R}_i \in \underline{\mathbb{R}}^{\mathrm{O}}} \mathbb{R}_i}^{\mathrm{O}}(\mathbb{A}) = \underline{\sum_{i=1}^{m} \mathbb{R}_i}^{\mathrm{O}}(\mathbb{A})$，则 $\underline{\mathbb{R}}^{\mathrm{O}}$ 被称作是 $apr$ 的一个连续乐观下近似。如果 $\underline{\mathbb{R}}^{\mathrm{O}}$ 是一个连续乐观下近似，且再没有 $\underline{\mathbb{R}}^{\mathrm{O}}$ 的真子集是连续乐观下近似，那么 $\underline{\mathbb{R}}^{\mathrm{O}}$ 被称作是 $apr$ 的一个乐观下近似约简。

(2) 若 $\underline{\sum_{\mathbb{R}_i \in \underline{\mathbb{R}}^{\mathrm{P}}} \mathbb{R}_i}^{\mathrm{P}}(\mathbb{A}) = \underline{\sum_{i=1}^{m} \mathbb{R}_i}^{\mathrm{P}}(\mathbb{A})$，则 $\underline{\mathbb{R}}^{\mathrm{P}}$ 被称作是 $apr$ 的一个连续悲观下近似。如果 $\underline{\mathbb{R}}^{\mathrm{P}}$ 是一个连续悲观下近似，且再没有 $\underline{\mathbb{R}}^{\mathrm{P}}$ 的真子集是连续悲观下近似，那么 $\underline{\mathbb{R}}^{\mathrm{P}}$ 被称作是 $apr$ 的一个悲观下近似约简。

(3) 若 $\overline{\sum_{\mathbb{R}_i \in \overline{\mathbb{R}}^{\mathrm{O}}} \mathbb{R}_i}^{\mathrm{O}}(\mathbb{A}) = \overline{\sum_{i=1}^{m} \mathbb{R}_i}^{\mathrm{O}}(\mathbb{A})$，则 $\overline{\mathbb{R}}^{\mathrm{O}}$ 被称作是 $apr$ 的一个连续乐观上近似。如果 $\overline{\mathbb{R}}^{\mathrm{O}}$ 是一个连续乐观上近似，且再没有 $\overline{\mathbb{R}}^{\mathrm{O}}$ 的真子集是连续乐观上近似，那么 $\overline{\mathbb{R}}^{\mathrm{O}}$ 被称作是 $apr$ 的一个乐观上近似约简。

(4) 若 $\overline{\sum_{\mathbb{R}_i \in \overline{\mathbb{R}}^{\mathrm{P}}} \mathbb{R}_i}^{\mathrm{P}}(\mathbb{A}) = \overline{\sum_{i=1}^{m} \mathbb{R}_i}^{\mathrm{P}}(\mathbb{A})$，则 $\overline{\mathbb{R}}^{\mathrm{P}}$ 被称作是 $apr$ 的一个连续悲观上近似。如果 $\overline{\mathbb{R}}^{\mathrm{P}}$ 是一个连续悲观上近似，且再没有 $\overline{\mathbb{R}}^{\mathrm{P}}$ 的真子集

是连续悲观上近似，那么 $\overline{\mathbb{R}}^{\mathrm{P}}$ 被称作是 $apr$ 的一个悲观上近似约简。

**定义 6.12** 多粒度犹豫模糊决策信息系统是一个四元组 $S=(U,\{\mathbb{R}_i|1\leqslant i\leqslant m\},D,V)$，其中 $U$ 是一个非空有限论域集；$\{\mathbb{R}_i|1\leqslant i\leqslant m\}$ 是 $U$ 上的 $m$ 个犹豫模糊关系组成的集合；$D$ 是一个决策属性的非空有限集；$V=\{g(x,d)|x\in U,d\in D\}$ 是 $U$ 和 $D$ 之间的关系组成的集合，这里 $g(x,d)$ 表示犹豫模糊元，被称为决策属性 $d$ 下 $x$ 的决策犹豫模糊值。

**例 6.4** 一个多粒度犹豫模糊决策信息系统 $(U,\{\mathbb{R}_i|1\leqslant i\leqslant 5\},D,V)$ 可以被描绘如下：$U=\{x_1,x_2,\cdots,x_6\}$；$\mathbb{R}_i(1\leqslant i\leqslant 5)$ 是 $U$ 上的 5 个犹豫模糊关系，见表 6.1 ~ 表 6.5；$D=\{d_1,d_2\}$；$V=\{g(x_i,d_j)|x_i\in U,d_j\in D\}$，其中 $g(x_1,d_1)=\{0.3,0.6\}$，$g(x_2,d_1)=\{0.3,0.5\}$，$g(x_3,d_1)=\{0.2,0.7\}$，$g(x_4,d_1)=\{0.4,0.6\}$，$g(x_5,d_1)=\{0.6,0.8\}$，$g(x_6,d_1)=\{0.5,0.7\}$，$g(x_1,d_2)=\{0.4,0.7\}$，$g(x_2,d_2)=\{0.5,0.6\}$，$g(x_3,d_2)=\{0.4,0.7\}$，$g(x_4,d_2)=\{0.8,0.9\}$，$g(x_5,d_2)=\{0.3,0.6\}$，$g(x_6,d_2)=\{0.2,0.4\}$。

**表 6.1 例 6.4 中的犹豫模糊关系 $\mathbb{R}_1$**

| $U\times U$ | $x_1$ | $x_2$ | $x_3$ | $x_4$ | $x_5$ | $x_6$ |
|---|---|---|---|---|---|---|
| $x_1$ | {1, 1} | {0.3, 0.5} | {0.2, 0.8} | {0.5, 0.9} | {0.3, 0.7} | {0.2, 0.4} |
| $x_2$ | {0.3, 0.5} | {1, 1} | {0.4, 0.5} | {0.2, 0.7} | {0.4, 0.5} | {0.3, 0.6} |
| $x_3$ | {0.2, 0.8} | {0.4, 0.5} | {1, 1} | {0.4, 0.6} | {0.2, 0.8} | {0.7, 0.9} |
| $x_4$ | {0.5, 0.9} | {0.2, 0.7} | {0.4, 0.6} | {1, 1} | {0.3, 0.8} | {0.2, 0.4} |
| $x_5$ | {0.3, 0.7} | {0.4, 0.5} | {0.2, 0.8} | {0.3, 0.8} | {1, 1} | {0.5, 0.8} |
| $x_6$ | {0.2, 0.4} | {0.3, 0.6} | {0.7, 0.9} | {0.2, 0.4} | {0.5, 0.8} | {1, 1} |

**表 6.2 例 6.4 中的犹豫模糊关系 $\mathbb{R}_2$**

| $U\times U$ | $x_1$ | $x_2$ | $x_3$ | $x_4$ | $x_5$ | $x_6$ |
|---|---|---|---|---|---|---|
| $x_1$ | {1, 1} | {0.4, 0.5} | {0.3, 0.6} | {0.1, 0.4} | {0.4, 0.8} | {0.5, 0.7} |
| $x_2$ | {0.4, 0.5} | {1, 1} | {0.5, 0.7} | {0.4, 0.6} | {0.2, 0.4} | {0.2, 0.6} |
| $x_3$ | {0.3, 0.6} | {0.5, 0.7} | {1, 1} | {0.5, 0.7} | {0.4, 0.6} | {0.3, 0.4} |
| $x_4$ | {0.1, 0.4} | {0.4, 0.6} | {0.5, 0.7} | {1, 1} | {0.7, 0.8} | {0.6, 0.9} |
| $x_5$ | {0.4, 0.8} | {0.2, 0.4} | {0.4, 0.6} | {0.7, 0.8} | {1, 1} | {0.5, 0.8} |
| $x_6$ | {0.5, 0.7} | {0.2, 0.6} | {0.3, 0.4} | {0.6, 0.9} | {0.5, 0.8} | {1, 1} |

**表 6.3 例 6.4 中的犹豫模糊关系 $\mathbb{R}_3$**

| $U\times U$ | $x_1$ | $x_2$ | $x_3$ | $x_4$ | $x_5$ | $x_6$ |
|---|---|---|---|---|---|---|
| $x_1$ | {1, 1} | {0.3, 0.5} | {0.2, 0.6} | {0.4, 0.7} | {0.5, 0.8} | {0.3, 0.4} |
| $x_2$ | {0.3, 0.5} | {1, 1} | {0.4, 0.5} | {0.5, 0.7} | {0.2, 0.5} | {0.5, 0.7} |
| $x_3$ | {0.2, 0.6} | {0.4, 0.5} | {1, 1} | {0.3, 0.5} | {0.6, 0.9} | {0.7, 0.8} |
| $x_4$ | {0.4, 0.7} | {0.5, 0.7} | {0.3, 0.5} | {1, 1} | {0.3, 0.4} | {0.2, 0.3} |
| $x_5$ | {0.5, 0.8} | {0.2, 0.5} | {0.6, 0.9} | {0.3, 0.4} | {1, 1} | {0.6, 0.9} |
| $x_6$ | {0.3, 0.4} | {0.5, 0.7} | {0.7, 0.8} | {0.2, 0.3} | {0.6, 0.9} | {1, 1} |

**表 6.4 例 6.4 中的犹豫模糊关系 $\mathbb{R}_4$**

| $U\times U$ | $x_1$ | $x_2$ | $x_3$ | $x_4$ | $x_5$ | $x_6$ |
|---|---|---|---|---|---|---|
| $x_1$ | {1, 1} | {0.3, 0.4} | {0.7, 0.8} | {0.5, 0.9} | {0.2, 0.5} | {0.4, 0.7} |
| $x_2$ | {0.3, 0.4} | {1, 1} | {0.2, 0.4} | {0.6, 0.8} | {0.4, 0.6} | {0.6, 0.7} |
| $x_3$ | {0.7, 0.8} | {0.2, 0.4} | {1, 1} | {0.3, 0.4} | {0.6, 0.8} | {0.5, 0.6} |
| $x_4$ | {0.5, 0.9} | {0.6, 0.8} | {0.3, 0.4} | {1, 1} | {0.7, 0.9} | {0.2, 0.5} |
| $x_5$ | {0.2, 0.5} | {0.4, 0.6} | {0.6, 0.8} | {0.7, 0.9} | {1, 1} | {0.5, 0.9} |
| $x_6$ | {0.4, 0.7} | {0.6, 0.7} | {0.5, 0.6} | {0.2, 0.5} | {0.5, 0.9} | {1, 1} |

**表 6.5 例 6.4 中的犹豫模糊关系 $\mathbb{R}_5$**

| $U\times U$ | $x_1$ | $x_2$ | $x_3$ | $x_4$ | $x_5$ | $x_6$ |
|---|---|---|---|---|---|---|
| $x_1$ | {1, 1} | {0.3, 0.6} | {0.4, 0.8} | {0.5, 0.5} | {0.6, 0.7} | {0.3, 0.6} |
| $x_2$ | {0.3, 0.6} | {1, 1} | {0.3, 0.6} | {0.2, 0.3} | {0.5, 0.8} | {0.4, 0.6} |
| $x_3$ | {0.4, 0.8} | {0.3, 0.6} | {1, 1} | {0.6, 0.8} | {0.4, 0.6} | {0.7, 0.9} |
| $x_4$ | {0.5, 0.5} | {0.2, 0.3} | {0.6, 0.8} | {1, 1} | {0.8, 0.9} | {0.5, 0.7} |
| $x_5$ | {0.6, 0.7} | {0.5, 0.8} | {0.4, 0.6} | {0.8, 0.9} | {1, 1} | {0.4, 0.5} |
| $x_6$ | {0.3, 0.6} | {0.4, 0.6} | {0.7, 0.9} | {0.5, 0.7} | {0.4, 0.5} | {1, 1} |

在定义 6.11 基础上，基于多粒度犹豫模糊粗糙集的多粒度犹豫模糊决策信息系统的近似约简定义如下：

**定义 6.13** 设 $MGHFDIS=(U,\{\mathbb{R}_i|1\leqslant i\leqslant m\},D,V)$ 是一个多粒度犹豫模糊决策信息系统，其中 $U=\{x_1,x_2,\cdots,x_n\}$，$D=\{d_1,d_2,\cdots,d_l\}$，$\mathbb{D}_j=\{<x_i,g(x_i,d_j)>|x_i\in U\}\in HF(U)$。

(1) 对任意的 $j(1\leqslant j\leqslant l)$，若 $\underline{\sum_{\mathbb{R}_i\in\mathbb{R}^{O}}\mathbb{R}_i}^{O}(\mathbb{D}_j)=\underline{\sum_{i=1}^{m}\mathbb{R}_i}^{O}(\mathbb{D}_j)$，则 $\underline{\mathbb{R}}^{O}$ 被称作是 $MGHFDIS$ 的一个连续乐观下近似。如果 $\underline{\mathbb{R}}^{O}$ 是一个连续

乐观下近似，且再没有 $\underline{\mathbb{R}}^{\mathrm{O}}$ 的真子集是连续乐观下近似，那么 $\underline{\mathbb{R}}^{\mathrm{O}}$ 被称作是 $MGHFDIS$ 的一个乐观下近似约简。

(2) 对任意的 $j(1\leqslant j\leqslant l)$，若 $\underline{\sum_{\mathbb{R}_i\in\underline{\mathbb{R}}^{\mathrm{P}}}\mathbb{R}_i}^{\mathrm{P}}(\mathbb{D}_j)=\underline{\sum_{i=1}^{m}\mathbb{R}_i}^{\mathrm{P}}(\mathbb{D}_j)$，则 $\underline{\mathbb{R}}^{\mathrm{P}}$ 被称作是 $MGHFDIS$ 的一个连续悲观下近似。如果 $\underline{\mathbb{R}}^{\mathrm{P}}$ 是一个连续悲观下近似，且再没有 $\underline{\mathbb{R}}^{\mathrm{P}}$ 的真子集是连续悲观下近似，那么 $\underline{\mathbb{R}}^{\mathrm{P}}$ 被称作是 $MGHFDIS$ 的一个悲观下近似约简。

(3) 对任意的 $j(1\leqslant j\leqslant l)$，若 $\overline{\sum_{\mathbb{R}_i\in\overline{\mathbb{R}}^{\mathrm{O}}}\mathbb{R}_i}^{\mathrm{O}}(\mathbb{D}_j)=\overline{\sum_{i=1}^{m}\mathbb{R}_i}^{\mathrm{O}}(\mathbb{D}_j)$，则 $\overline{\mathbb{R}}^{\mathrm{O}}$ 被称作是 $MGHFDIS$ 的一个连续乐观上近似。如果 $\overline{\mathbb{R}}^{\mathrm{O}}$ 是一个连续乐观上近似，且再没有 $\overline{\mathbb{R}}^{\mathrm{O}}$ 的真子集是连续乐观上近似，那么 $\overline{\mathbb{R}}^{\mathrm{O}}$ 被称作是 $MGHFDIS$ 的一个乐观上近似约简。

(4) 对任意的 $j(1\leqslant j\leqslant l)$，若 $\overline{\sum_{\mathbb{R}_i\in\overline{\mathbb{R}}^{\mathrm{P}}}\mathbb{R}_i}^{\mathrm{P}}(\mathbb{D}_j)=\overline{\sum_{i=1}^{m}\mathbb{R}_i}^{\mathrm{P}}(\mathbb{D}_j)$，则 $\overline{\mathbb{R}}^{\mathrm{P}}$ 被称作是 $MGHFDIS$ 的一个连续悲观上近似。如果 $\overline{\mathbb{R}}^{\mathrm{P}}$ 是一个连续悲观上近似，且再没有 $\overline{\mathbb{R}}^{\mathrm{P}}$ 的真子集是连续悲观上近似，那么 $\overline{\mathbb{R}}^{\mathrm{P}}$ 被称作是 $MGHFDIS$ 的一个悲观上近似约简。

为了得到多粒度犹豫模糊决策信息系统的乐观与悲观近似约简，我们引进犹豫模糊向量和犹豫模糊矩阵的概念。在下文中，不失一般性，假定所有的犹豫模糊元都具有相同的长度 $k$。

**定义 6.14** 设 $n$ 维向量 $\boldsymbol{\alpha}=(\alpha_1,\alpha_2,\cdots,\alpha_n)^{\mathrm{T}}$，其中 $\alpha_i=\{\alpha_i^{\sigma(s)}|1\leqslant s\leqslant k\}$ 是 $n$ 个犹豫模糊元，则称 $\boldsymbol{\alpha}$ 是一个 $n$ 维犹豫模糊向量。若 $\boldsymbol{M}_{nm}=(\boldsymbol{\alpha}_1,\boldsymbol{\alpha}_2,\cdots,\boldsymbol{\alpha}_m)$，其中 $\boldsymbol{\alpha}_j(1\leqslant j\leqslant m)$ 是 $m$ 个 $n$ 维犹豫模糊向量，则称 $\boldsymbol{M}_{nm}$ 是一个 $n\times m$ 犹豫模糊矩阵。特殊的，$n$ 维犹豫模糊向量能被看做是一个 $n\times 1$ 犹豫模糊矩阵。

在定义 6.14 基础上，多粒度犹豫模糊决策信息系统可以通过多个犹豫模糊矩阵（犹豫模糊关系矩阵）和犹豫模糊向量（称作决策犹豫模糊向量）表示出来。例如，例 6.4 中的多粒度犹豫模糊决策信息系统能通过犹豫模糊关系矩阵和决策犹豫模糊向量表示如下：

$$\boldsymbol{M}_{\mathbb{R}_1}=\begin{pmatrix}\{1,1\}&\{0.3,0.5\}&\{0.2,0.8\}&\{0.5,0.9\}&\{0.3,0.7\}&\{0.2,0.4\}\\\{0.3,0.5\}&\{1,1\}&\{0.4,0.5\}&\{0.2,0.7\}&\{0.4,0.5\}&\{0.3,0.6\}\\\{0.2,0.8\}&\{0.4,0.5\}&\{1,1\}&\{0.4,0.6\}&\{0.2,0.8\}&\{0.7,0.9\}\\\{0.5,0.9\}&\{0.2,0.7\}&\{0.4,0.6\}&\{1,1\}&\{0.3,0.8\}&\{0.2,0.4\}\\\{0.3,0.7\}&\{0.4,0.5\}&\{0.2,0.8\}&\{0.3,0.8\}&\{1,1\}&\{0.5,0.8\}\\\{0.2,0.4\}&\{0.3,0.6\}&\{0.7,0.9\}&\{0.2,0.4\}&\{0.5,0.8\}&\{1,1\}\end{pmatrix}$$

$$\boldsymbol{M}_{\mathbb{R}_2}=\begin{pmatrix}\{1,1\}&\{0.4,0.5\}&\{0.3,0.6\}&\{0.1,0.4\}&\{0.4,0.8\}&\{0.5,0.7\}\\\{0.4,0.5\}&\{1,1\}&\{0.5,0.7\}&\{0.4,0.6\}&\{0.2,0.4\}&\{0.2,0.6\}\\\{0.3,0.6\}&\{0.5,0.7\}&\{1,1\}&\{0.5,0.7\}&\{0.4,0.6\}&\{0.3,0.4\}\\\{0.1,0.4\}&\{0.4,0.6\}&\{0.5,0.7\}&\{1,1\}&\{0.7,0.8\}&\{0.6,0.9\}\\\{0.4,0.8\}&\{0.2,0.4\}&\{0.4,0.6\}&\{0.7,0.8\}&\{1,1\}&\{0.5,0.8\}\\\{0.5,0.7\}&\{0.2,0.6\}&\{0.3,0.4\}&\{0.6,0.9\}&\{0.5,0.8\}&\{1,1\}\end{pmatrix}$$

$$\boldsymbol{M}_{\mathbb{R}_3}=\begin{pmatrix}\{1,1\}&\{0.3,0.5\}&\{0.2,0.6\}&\{0.4,0.7\}&\{0.5,0.8\}&\{0.3,0.4\}\\\{0.3,0.5\}&\{1,1\}&\{0.4,0.5\}&\{0.5,0.7\}&\{0.2,0.5\}&\{0.5,0.7\}\\\{0.2,0.6\}&\{0.4,0.5\}&\{1,1\}&\{0.3,0.5\}&\{0.6,0.9\}&\{0.7,0.8\}\\\{0.4,0.7\}&\{0.5,0.7\}&\{0.3,0.5\}&\{1,1\}&\{0.3,0.4\}&\{0.2,0.3\}\\\{0.5,0.8\}&\{0.2,0.5\}&\{0.6,0.9\}&\{0.3,0.4\}&\{1,1\}&\{0.6,0.9\}\\\{0.3,0.4\}&\{0.5,0.7\}&\{0.7,0.8\}&\{0.2,0.3\}&\{0.6,0.9\}&\{1,1\}\end{pmatrix}$$

$$\boldsymbol{M}_{\mathbb{R}_4}=\begin{pmatrix}\{1,1\}&\{0.3,0.4\}&\{0.7,0.8\}&\{0.5,0.9\}&\{0.2,0.5\}&\{0.4,0.7\}\\\{0.3,0.4\}&\{1,1\}&\{0.2,0.4\}&\{0.6,0.8\}&\{0.4,0.6\}&\{0.6,0.7\}\\\{0.7,0.8\}&\{0.2,0.4\}&\{1,1\}&\{0.3,0.4\}&\{0.6,0.8\}&\{0.5,0.6\}\\\{0.5,0.9\}&\{0.6,0.8\}&\{0.3,0.4\}&\{1,1\}&\{0.7,0.9\}&\{0.2,0.5\}\\\{0.2,0.5\}&\{0.4,0.6\}&\{0.6,0.8\}&\{0.7,0.9\}&\{1,1\}&\{0.5,0.9\}\\\{0.4,0.7\}&\{0.6,0.7\}&\{0.5,0.6\}&\{0.2,0.5\}&\{0.5,0.9\}&\{1,1\}\end{pmatrix}$$

$$\boldsymbol{M}_{\mathbb{R}_5}=\begin{pmatrix}\{1,1\}&\{0.3,0.6\}&\{0.4,0.8\}&\{0.5,0.5\}&\{0.6,0.7\}&\{0.3,0.6\}\\\{0.3,0.6\}&\{1,1\}&\{0.3,0.6\}&\{0.2,0.3\}&\{0.5,0.8\}&\{0.4,0.6\}\\\{0.4,0.8\}&\{0.3,0.6\}&\{1,1\}&\{0.6,0.8\}&\{0.4,0.6\}&\{0.7,0.9\}\\\{0.5,0.5\}&\{0.2,0.3\}&\{0.6,0.8\}&\{1,1\}&\{0.8,0.9\}&\{0.5,0.7\}\\\{0.6,0.7\}&\{0.5,0.8\}&\{0.4,0.6\}&\{0.8,0.9\}&\{1,1\}&\{0.4,0.5\}\\\{0.3,0.6\}&\{0.4,0.6\}&\{0.7,0.9\}&\{0.5,0.7\}&\{0.4,0.5\}&\{1,1\}\end{pmatrix}$$

决策犹豫模糊向量为：

$$\mathbb{D}_1 = (\{0.3, 0.6\}, \{0.3, 0.5\}, \{0.2, 0.7\}, \{0.4, 0.6\}, \{0.6, 0.8\}, \{0.5, 0.7\})^{\mathrm{T}}$$

$$\mathbb{D}_2 = (\{0.4, 0.7\}, \{0.5, 0.6\}, \{0.4, 0.7\}, \{0.8, 0.9\}, \{0.3, 0.6\}, \{0.2, 0.4\})^{\mathrm{T}}$$

现在，我们定义犹豫模糊向量与犹豫模糊矩阵的并、交及其补运算。

**定义6.15** 设 $\boldsymbol{\alpha}_1 = (\alpha_{11}, \alpha_{12}, \cdots, \alpha_{1n})^{\mathrm{T}}$ 与 $\boldsymbol{\alpha}_2 = (\alpha_{21}, \alpha_{22}, \cdots, \alpha_{2n})^{\mathrm{T}}$ 是两个 $n$ 维犹豫模糊向量，其中 $\alpha_{1i} = \{\alpha_{1i}^{\sigma(s)} | 1 \leqslant s \leqslant k\}(1 \leqslant i \leqslant n)$ 与 $\alpha_{2i} = \{\alpha_{2i}^{\sigma(s)} | 1 \leqslant s \leqslant k\}(1 \leqslant i \leqslant n)$ 分别是 $n$ 个犹豫模糊元。假定 $\boldsymbol{M}_1 = (\boldsymbol{\alpha}_{11}, \boldsymbol{\alpha}_{12}, \cdots, \boldsymbol{\alpha}_{1m})$ 与 $\boldsymbol{M}_2 = (\boldsymbol{\alpha}_{21}, \boldsymbol{\alpha}_{22}, \cdots, \boldsymbol{\alpha}_{2m})$ 是两个 $n \times m$ 犹豫模糊向量，其中 $\boldsymbol{\alpha}_{1j}(1 \leqslant j \leqslant m)$ 与 $\boldsymbol{\alpha}_{2j}(1 \leqslant j \leqslant m)$ 分别是两个 $n$ 维犹豫模糊向量，则

(1) 犹豫模糊向量 $\boldsymbol{\alpha}_1$ 与 $\boldsymbol{\alpha}_2$ 的并运算记作 $\boldsymbol{\alpha}_1 \Cup \boldsymbol{\alpha}_2$，定义为

$$\boldsymbol{\alpha}_1 \Cup \boldsymbol{\alpha}_2 = (\alpha_{11} \veebar \alpha_{21}, \alpha_{12} \veebar \alpha_{22}, \cdots, \alpha_{1n} \veebar \alpha_{2n})^{\mathrm{T}}$$

式中，$\alpha_{1i} \veebar \alpha_{2i} = \{\alpha_{1i}^{\sigma(s)} \vee \alpha_{2i}^{\sigma(s)} | 1 \leqslant s \leqslant k\}(1 \leqslant i \leqslant n)$。

(2) 犹豫模糊向量 $\boldsymbol{\alpha}_1$ 与 $\boldsymbol{\alpha}_2$ 的交运算记作 $\boldsymbol{\alpha}_1 \Cap \boldsymbol{\alpha}_2$，定义为

$$\boldsymbol{\alpha}_1 \Cap \boldsymbol{\alpha}_2 = (\alpha_{11} \barwedge \alpha_{21}, \alpha_{12} \barwedge \alpha_{22}, \cdots, \alpha_{1n} \barwedge \alpha_{2n})^{\mathrm{T}}$$

式中，$\alpha_{1i} \barwedge \alpha_{2i} = \{\alpha_{1i}^{\sigma(s)} \wedge \alpha_{2i}^{\sigma(s)} | 1 \leqslant s \leqslant k\}(1 \leqslant i \leqslant n)$。

(3) 犹豫模糊向量 $\boldsymbol{\alpha}_1$ 的补运算记作 $(\boldsymbol{\alpha}_1)^{\mathrm{c}}$，定义为

$$(\boldsymbol{\alpha}_1)^{\mathrm{c}} = (\sim \alpha_{11}, \sim \alpha_{12}, \cdots, \sim \alpha_{1n})^{\mathrm{T}}$$

式中，$\sim \alpha_{1i} = \{1 - \alpha_{1i}^{\sigma(s)} | 1 \leqslant s \leqslant k\}(1 \leqslant i \leqslant n)$。

(4) 犹豫模糊矩阵 $\boldsymbol{M}_1$ 与 $\boldsymbol{M}_2$ 的并运算记作 $\boldsymbol{M}_1 \Cup \boldsymbol{M}_2$，定义为

$$\boldsymbol{M}_1 \Cup \boldsymbol{M}_2 = (\boldsymbol{\alpha}_{11} \Cup \boldsymbol{\alpha}_{21}, \boldsymbol{\alpha}_{12} \Cup \boldsymbol{\alpha}_{22}, \cdots, \boldsymbol{\alpha}_{1m} \Cup \boldsymbol{\alpha}_{2m})$$

(5) 犹豫模糊矩阵 $\boldsymbol{M}_1$ 与 $\boldsymbol{M}_2$ 的交运算记作 $\boldsymbol{M}_1 \Cap \boldsymbol{M}_2$，定义为

$$\boldsymbol{M}_1 \Cap \boldsymbol{M}_2 = (\boldsymbol{\alpha}_{11} \Cap \boldsymbol{\alpha}_{21}, \boldsymbol{\alpha}_{12} \Cap \boldsymbol{\alpha}_{22}, \cdots, \boldsymbol{\alpha}_{1m} \Cap \boldsymbol{\alpha}_{2m})$$

(6) 犹豫模糊矩阵 $\boldsymbol{M}_1$ 的补运算记作 $\boldsymbol{M}_1{}^{\mathrm{c}}$，定义为

$$\boldsymbol{M}_1{}^{\mathrm{c}} = ((\boldsymbol{\alpha}_{11})^{\mathrm{c}}, (\boldsymbol{\alpha}_{12})^{\mathrm{c}}, \cdots, (\boldsymbol{\alpha}_{1m})^{\mathrm{c}})^{\mathrm{T}}$$

接下来，引进犹豫模糊矩阵的乘法运算。

**定义 6.16** 设 $\boldsymbol{P}$ 和 $\boldsymbol{Q}$ 是两个犹豫模糊矩阵，且

$$\boldsymbol{P}=\begin{pmatrix} p_{11} & p_{12} & \cdots & p_{1l} \\ p_{21} & p_{22} & \cdots & p_{2l} \\ \vdots & \vdots & \ddots & \vdots \\ p_{m1} & p_{m2} & \cdots & p_{ml} \end{pmatrix}$$

$$\boldsymbol{Q}=\begin{pmatrix} q_{11} & q_{12} & \cdots & q_{1n} \\ q_{21} & q_{22} & \cdots & q_{2n} \\ \vdots & \vdots & \ddots & \vdots \\ q_{l1} & q_{l2} & \cdots & q_{ln} \end{pmatrix}$$

其中

$$p_{it}=\{p_{it}^{\sigma(s)}|1\leqslant s\leqslant k\}(1\leqslant i\leqslant m,1\leqslant t\leqslant l)$$
$$q_{tj}=\{q_{tj}^{\sigma(s)}|1\leqslant s\leqslant k\}(1\leqslant j\leqslant n,1\leqslant t\leqslant l)$$

则 $\boldsymbol{P}$ 和 $\boldsymbol{Q}$ 的乘积是一个 $m\times n$ 犹豫模糊矩阵，记作

$$\boldsymbol{M}=\boldsymbol{P}\circ\boldsymbol{Q}=(r_{ij})_{1\leqslant i\leqslant m,1\leqslant j\leqslant n}$$

其中

$$r_{ij}=\underline{\vee}_{1\leqslant t\leqslant l}\{p_{it}\,\overline{\wedge}\,q_{tj}\}=\left\{\bigvee_{1\leqslant t\leqslant l}(p_{it}^{\sigma(s)}\wedge q_{tj}^{\sigma(s)})|1\leqslant s\leqslant k\right\}$$

在下面的讨论中，为方便起见，$U$ 上的犹豫模糊向量和犹豫模糊集我们不加以区分。

**定理 6.21** 设 $\mathbb{R}$ 是 $U$ 上的犹豫模糊关系，$\boldsymbol{M}_{\mathbb{R}}$ 是 $\mathbb{R}$ 的犹豫模糊矩阵，且 $\mathbb{A}\in HF(U)$，则

(1) $\underline{\mathbb{R}}(\mathbb{A})=(\boldsymbol{M}_{\mathbb{R}}\circ\mathbb{A}^{\mathrm{c}})^{\mathrm{c}}$;

(2) $\overline{\mathbb{R}}(\mathbb{A})=\boldsymbol{M}_{\mathbb{R}}\circ\mathbb{A}$。

其中 $\underline{\mathbb{R}}(\mathbb{A})$ 与 $\overline{\mathbb{R}}(\mathbb{A})$ 分别是定义 6.2 中的单粒度犹豫模糊下、上近似。

**证明**：由定义 6.16 和定义 6.2 直接得证。

根据定理 6.21、定理 6.4 和定理 6.8，很容易验证下面的定理是成立的。

**定理 6.22** 设 $\mathbb{R}_i(1 \leqslant i \leqslant m)$ 是 $U$ 上的 $m$ 个犹豫模糊关系，$\boldsymbol{M}_{\mathbb{R}_i}$ 是 $\mathbb{R}_i(1 \leqslant i \leqslant m)$ 的犹豫模糊关系矩阵，且 $\mathbb{A} \in HF(U)$，则

(1) $\underline{\sum\limits_{i=1}^{m} \mathbb{R}_i}^{\mathrm{O}}(\mathbb{A}) = \bigcup\limits_{i=1}^{m}(\boldsymbol{M}_{\mathbb{R}_i} \circ \mathbb{A}^{\mathrm{c}})^{\mathrm{c}}$；

(2) $\overline{\sum\limits_{i=1}^{m} \mathbb{R}_i}^{\mathrm{O}}(\mathbb{A}) = \bigcap\limits_{i=1}^{m}(\boldsymbol{M}_{\mathbb{R}_i} \circ \mathbb{A})$；

(3) $\underline{\sum\limits_{i=1}^{m} \mathbb{R}_i}^{\mathrm{P}}(\mathbb{A}) = \bigcap\limits_{i=1}^{m}(\boldsymbol{M}_{\mathbb{R}_i} \circ \mathbb{A}^{\mathrm{c}})^{\mathrm{c}}$；

(4) $\overline{\sum\limits_{i=1}^{m} \mathbb{R}_i}^{\mathrm{P}}(\mathbb{A}) = \bigcup\limits_{i=1}^{m}(\boldsymbol{M}_{\mathbb{R}_i} \circ \mathbb{A})$。

**例 6.5** 接着例 6.4 研究。根据定理 6.21 中的 (2) 可得，

$$
\begin{aligned}
\overline{\mathbb{R}_1}(\mathbb{D}_1) &= \boldsymbol{M}_{\mathbb{R}_1} \circ \mathbb{D}_1 \\
&= (\{0.4, 0.7\}, \{0.4, 0.6\}, \{0.5, 0.8\}, \{0.4, 0.8\}, \{0.6, 0.8\}, \\
&\quad \{0.5, 0.8\})^{\mathrm{T}} \\
\overline{\mathbb{R}_2}(\mathbb{D}_1) &= \boldsymbol{M}_{\mathbb{R}_2} \circ \mathbb{D}_1 \\
&= (\{0.5, 0.8\}, \{0.4, 0.7\}, \{0.4, 0.7\}, \{0.6, 0.8\}, \{0.6, 0.8\}, \\
&\quad \{0.5, 0.8\})^{\mathrm{T}} \\
\overline{\mathbb{R}_3}(\mathbb{D}_1) &= \boldsymbol{M}_{\mathbb{R}_3} \circ \mathbb{D}_1 \\
&= (\{0.5, 0.8\}, \{0.5, 0.7\}, \{0.6, 0.8\}, \{0.4, 0.6\}, \{0.6, 0.8\}, \\
&\quad \{0.6, 0.8\})^{\mathrm{T}} \\
\overline{\mathbb{R}_4}(\mathbb{D}_1) &= \boldsymbol{M}_{\mathbb{R}_4} \circ \mathbb{D}_1 \\
&= (\{0.4, 0.7\}, \{0.5, 0.7\}, \{0.6, 0.8\}, \{0.6, 0.8\}, \{0.6, 0.8\}, \\
&\quad \{0.5, 0.8\})^{\mathrm{T}} \\
\overline{\mathbb{R}_5}(\mathbb{D}_1) &= \boldsymbol{M}_{\mathbb{R}_5} \circ \mathbb{D}_1 \\
&= (\{0.6, 0.7\}, \{0.5, 0.8\}, \{0.5, 0.7\}, \{0.6, 0.8\}, \{0.6, 0.8\},
\end{aligned}
$$

$\{0.5,0.7\})^{\mathrm{T}}$

再通过定理 6.22 中的 (2) 和 (4)，可以得到

$$\overline{\sum_{i=1}^{5}\mathbb{R}_i}^{O}(\mathbb{D}_1)=(\{0.4,0.7\},\{0.4,0.6\},\{0.4,0.7\},\{0.4,0.6\},\{0.6,0.8\},\{0.5,0.7\})^{\mathrm{T}}$$

$$\overline{\sum_{i=1}^{5}\mathbb{R}_i}^{P}(\mathbb{D}_1)=(\{0.6,0.8\},\{0.5,0.8\},\{0.6,0.8\},\{0.6,0.8\},\{0.6,0.8\},\{0.6,0.8\})^{\mathrm{T}}$$

类似地，

$$\begin{aligned}\overline{\mathbb{R}_1}(\mathbb{D}_2)&=\boldsymbol{M}_{\mathbb{R}_1}\circ\mathbb{D}_2\\&=(\{0.5,0.9\},\{0.5,0.7\},\{0.4,0.7\},\{0.8,0.9\},\{0.4,0.8\},\{0.4,0.7\})^{\mathrm{T}}\\\overline{\mathbb{R}_2}(\mathbb{D}_2)&=\boldsymbol{M}_{\mathbb{R}_2}\circ\mathbb{D}_2\\&=(\{0.4,0.7\},\{0.5,0.7\},\{0.5,0.7\},\{0.8,0.9\},\{0.7,0.8\},\{0.6,0.9\})^{\mathrm{T}}\\\overline{\mathbb{R}_3}(\mathbb{D}_2)&=\boldsymbol{M}_{\mathbb{R}_3}\circ\mathbb{D}_2\\&=(\{0.4,0.7\},\{0.5,0.7\},\{0.4,0.7\},\{0.8,0.9\},\{0.4,0.7\},\{0.5,0.7\})^{\mathrm{T}}\\\overline{\mathbb{R}_4}(\mathbb{D}_2)&=\boldsymbol{M}_{\mathbb{R}_4}\circ\mathbb{D}_2\\&=(\{0.5,0.9\},\{0.6,0.8\},\{0.4,0.7\},\{0.8,0.9\},\{0.7,0.9\},\{0.5,0.7\})^{\mathrm{T}}\\\overline{\mathbb{R}_5}(\mathbb{D}_2)&=\boldsymbol{M}_{\mathbb{R}_5}\circ\mathbb{D}_2\\&=(\{0.5,0.7\},\{0.5,0.6\},\{0.6,0.8\},\{0.8,0.9\},\{0.8,0.9\},\{0.5,0.7\})^{\mathrm{T}}\end{aligned}$$

于是，

$$\overline{\sum_{i=1}^{5}\mathbb{R}_i}^{\mathrm{O}}(\mathbb{D}_2) = (\{0.4,0.7\},\{0.5,0.6\},\{0.4,0.7\},\{0.8,0.9\},\{0.4,0.7\},\{0.4,0.7\})^{\mathrm{T}}$$

$$\overline{\sum_{i=1}^{5}\mathbb{R}_i}^{\mathrm{P}}(\mathbb{D}_2) = (\{0.5,0.9\},\{0.6,0.8\},\{0.6,0.8\},\{0.8,0.9\},\{0.8,0.9\},\{0.6,0.9\})^{\mathrm{T}}$$

另一方面，通过定理 6.21中的 (1) 可得，

$$\begin{aligned}\underline{\mathbb{R}_1}(\mathbb{D}_1) &= (M_{\mathbb{R}_1}\circ {\mathbb{D}_1}^{\mathrm{c}})^{\mathrm{c}}\\ &= (\{0.2,0.6\},\{0.3,0.5\},\{0.2,0.6\},\{0.3,0.6\},\{0.2,0.6\},\{0.2,0.7\})^{\mathrm{T}}\end{aligned}$$

$$\begin{aligned}\underline{\mathbb{R}_2}(\mathbb{D}_1) &= (M_{\mathbb{R}_2}\circ {\mathbb{D}_1}^{\mathrm{c}})^{\mathrm{c}}\\ &= (\{0.3,0.6\},\{0.3,0.5\},\{0.2,0.5\},\{0.3,0.6\},\{0.3,0.6\},\{0.3,0.6\})^{\mathrm{T}}\end{aligned}$$

$$\begin{aligned}\underline{\mathbb{R}_3}(\mathbb{D}_1) &= (M_{\mathbb{R}_3}\circ {\mathbb{D}_1}^{\mathrm{c}})^{\mathrm{c}}\\ &= (\{0.3,0.6\},\{0.3,0.5\},\{0.2,0.6\},\{0.3,0.5\},\{0.2,0.6\},\{0.2,0.5\})^{\mathrm{T}}\end{aligned}$$

$$\begin{aligned}\underline{\mathbb{R}_4}(\mathbb{D}_1) &= (M_{\mathbb{R}_4}\circ {\mathbb{D}_1}^{\mathrm{c}})^{\mathrm{c}}\\ &= (\{0.2,0.6\},\{0.3,0.5\},\{0.2,0.6\},\{0.3,0.5\},\{0.2,0.6\},\{0.3,0.5\})^{\mathrm{T}}\end{aligned}$$

$$\begin{aligned}\underline{\mathbb{R}_5}(\mathbb{D}_1) &= (M_{\mathbb{R}_5}\circ {\mathbb{D}_1}^{\mathrm{c}})^{\mathrm{c}}\\ &= (\{0.2,0.6\},\{0.3,0.5\},\{0.2,0.6\},\{0.2,0.6\},\{0.3,0.5\},\{0.2,0.6\})^{\mathrm{T}}\end{aligned}$$

再由定理 6.22 中的 (1) 和 (3) 可得，

$$\underline{\sum_{i=1}^{5}\mathbb{R}_i}^{\mathrm{O}}(\mathbb{D}_1) = (\{0.3, 0.6\}, \{0.3, 0.5\}, \{0.2, 0.6\}, \{0.3, 0.6\}, \{0.3, 0.6\}, \{0.3, 0.7\})^{\mathrm{T}}$$

$$\underline{\sum_{i=1}^{5}\mathbb{R}_i}^{\mathrm{P}}(\mathbb{D}_1) = (\{0.2, 0.6\}, \{0.3, 0.5\}, \{0.2, 0.5\}, \{0.2, 0.5\}, \{0.2, 0.5\}, \{0.2, 0.5\})^{\mathrm{T}}$$

类似地，

$$\begin{aligned}
\underline{\mathbb{R}_1}(\mathbb{D}_2) &= (M_{\mathbb{R}_1} \circ {\mathbb{D}_2}^{\mathrm{c}})^{\mathrm{c}} \\
&= (\{0.3, 0.7\}, \{0.4, 0.6\}, \{0.2, 0.4\}, \{0.3, 0.7\}, \{0.2, 0.5\}, \\
&\quad \{0.2, 0.4\})^{\mathrm{T}} \\
\underline{\mathbb{R}_2}(\mathbb{D}_2) &= (M_{\mathbb{R}_2} \circ {\mathbb{D}_2}^{\mathrm{c}})^{\mathrm{c}} \\
&= (\{0.3, 0.5\}, \{0.4, 0.6\}, \{0.4, 0.6\}, \{0.2, 0.4\}, \{0.2, 0.5\}, \\
&\quad \{0.2, 0.4\})^{\mathrm{T}} \\
\underline{\mathbb{R}_3}(\mathbb{D}_2) &= (M_{\mathbb{R}_3} \circ {\mathbb{D}_2}^{\mathrm{c}})^{\mathrm{c}} \\
&= (\{0.3, 0.6\}, \{0.3, 0.5\}, \{0.2, 0.4\}, \{0.4, 0.6\}, \{0.2, 0.4\}, \\
&\quad \{0.2, 0.4\})^{\mathrm{T}} \\
\underline{\mathbb{R}_4}(\mathbb{D}_2) &= (M_{\mathbb{R}_4} \circ {\mathbb{D}_2}^{\mathrm{c}})^{\mathrm{c}} \\
&= (\{0.3, 0.6\}, \{0.3, 0.4\}, \{0.3, 0.5\}, \{0.3, 0.6\}, \{0.2, 0.5\}, \\
&\quad \{0.2, 0.4\})^{\mathrm{T}} \\
\underline{\mathbb{R}_5}(\mathbb{D}_2) &= (M_{\mathbb{R}_5} \circ {\mathbb{D}_2}^{\mathrm{c}})^{\mathrm{c}} \\
&= (\{0.3, 0.6\}, \{0.3, 0.6\}, \{0.2, 0.4\}, \{0.3, 0.5\}, \{0.3, 0.6\}, \\
&\quad \{0.2, 0.4\})^{\mathrm{T}}
\end{aligned}$$

于是，

$$\underline{\sum_{i=1}^{5}\mathbb{R}_i}^{\mathrm{O}}(\mathbb{D}_2) = (\{0.3, 0.7\}, \{0.4, 0.6\}, \{0.4, 0.6\}, \{0.4, 0.7\}, \{0.3, 0.6\}, \{0.2, 0.4\})^{\mathrm{T}}$$

$$\underline{\sum_{i=1}^{5}\mathbb{R}_i}^{\mathrm{P}}(\mathbb{D}_2) = (\{0.3, 0.5\}, \{0.3, 0.4\}, \{0.2, 0.4\}, \{0.2, 0.4\}, \{0.2, 0.4\}, \{0.2, 0.4\})^{\mathrm{T}}$$

众所周知，在粗糙集中可分辨函数是约简算法的一个关键概念。因此，通过构造可分辨函数，我们提出一种约简方法从而确定多粒度犹豫模糊决策信息系统的乐观与悲观近似约简。

**定义 6.17** 设 $MGHFDIS = (U, \{\mathbb{R}_j | 1 \leqslant j \leqslant m\}, D = \{d_i | 1 \leqslant i \leqslant l\}, V)$ 是一个多粒度犹豫模糊决策信息系统，且 $|U| = n$，$\mathbb{D}_i(1 \leqslant i \leqslant l)$ 是 $l$ 个决策犹豫模糊向量。记

$$\underline{\sum_{j=1}^{m}\mathbb{R}_j}^{\mathrm{O}}(\mathbb{D}_i) = (\underline{o}_{i1}, \underline{o}_{i2}, \cdots, \underline{o}_{in})(1 \leqslant i \leqslant l)$$

式中，$\underline{o}_{it} = \{\underline{o}_{it}^{\sigma(s)} | 1 \leqslant s \leqslant k\}(1 \leqslant t \leqslant n)$。

$$\overline{\sum_{j=1}^{m}\mathbb{R}_j}^{\mathrm{O}}(\mathbb{D}_i) = (\overline{o}_{i1}, \overline{o}_{i2}, \cdots, \overline{o}_{in})(1 \leqslant i \leqslant l)$$

式中，$\overline{o}_{it} = \{\overline{o}_{it}^{\sigma(s)} | 1 \leqslant s \leqslant k\}(1 \leqslant t \leqslant n)$。

$$\underline{\sum_{j=1}^{m}\mathbb{R}_j}^{\mathrm{P}}(\mathbb{D}_i) = (\underline{p}_{i1}, \underline{p}_{i2}, \cdots, \underline{p}_{in})(1 \leqslant i \leqslant l)$$

式中，$\underline{p}_{it} = \{\underline{p}_{it}^{\sigma(s)} | 1 \leqslant s \leqslant k\}(1 \leqslant t \leqslant n)$。

$$\overline{\sum_{j=1}^{m}\mathbb{R}_j}^{\mathrm{P}}(\mathbb{D}_i) = (\overline{p}_{i1}, \overline{p}_{i2}, \cdots, \overline{p}_{in})(1 \leqslant i \leqslant l)$$

式中，$\overline{p}_{it} = \{\overline{p}_{it}^{\sigma(s)} | 1 \leqslant s \leqslant k\}(1 \leqslant t \leqslant n)$。

$$\underline{\mathbb{R}_j}(\mathbb{D}_i) = (\underline{r}_{ij1}, \underline{r}_{ij2}, \cdots, \underline{r}_{ijn})(1 \leqslant i \leqslant l, 1 \leqslant j \leqslant m)$$

式中，$\underline{r}_{ijt} = \{\underline{r}_{ijt}^{\sigma(s)} | 1 \leqslant s \leqslant k\}(1 \leqslant t \leqslant n)$。

$$\overline{\mathbb{R}_j}(\mathbb{D}_i) = (\overline{r}_{ij1}, \overline{r}_{ij2}, \cdots, \overline{r}_{ijn})(1 \leqslant i \leqslant l, 1 \leqslant j \leqslant m)$$

式中，$\overline{r}_{ijt} = \{\overline{r}_{ijt}^{\sigma(s)} | 1 \leqslant s \leqslant k\}(1 \leqslant t \leqslant n)$。

定义 $MGHFDIS$ 的乐观下近似可分辨函数为

$$\underline{f}^{\mathrm{O}} = \bigwedge_{i=1}^{l} \bigwedge_{t=1}^{n} \bigwedge_{s=1}^{k} \left( \bigvee_{\underline{r}_{ijt}^{\sigma(s)} = \underline{o}_{it}^{\sigma(s)}, 1 \leqslant j \leqslant m} \mathbb{R}_j \right)$$

定义 $MGHFDIS$ 的乐观上近似可分辨函数为

$$\overline{f}^{\mathrm{O}} = \bigwedge_{i=1}^{l} \bigwedge_{t=1}^{n} \bigwedge_{s=1}^{k} \left( \bigvee_{\overline{r}_{ijt}^{\sigma(s)} = \overline{o}_{it}^{\sigma(s)}, 1 \leqslant j \leqslant m} \mathbb{R}_j \right)$$

定义 $MGHFDIS$ 的悲观下近似可分辨函数为

$$\underline{f}^{\mathrm{P}} = \bigwedge_{i=1}^{l} \bigwedge_{t=1}^{n} \bigwedge_{s=1}^{k} \left( \bigvee_{\underline{r}_{ijt}^{\sigma(s)} = \underline{p}_{it}^{\sigma(s)}, 1 \leqslant j \leqslant m} \mathbb{R}_j \right)$$

定义 $MGHFDIS$ 的悲观上近似可分辨函数为

$$\overline{f}^{\mathrm{P}} = \bigwedge_{i=1}^{l} \bigwedge_{t=1}^{n} \bigwedge_{s=1}^{k} \left( \bigvee_{\overline{r}_{ijt}^{\sigma(s)} = \overline{p}_{it}^{\sigma(s)}, 1 \leqslant j \leqslant m} \mathbb{R}_j \right)$$

根据定义 6.17和定义 6.13，很容易验证下面的定理是成立的。

**定理 6.23** 设 $MGHFDIS = (U, \{\mathbb{R}_j | 1 \leqslant j \leqslant m\}, D = \{d_i | 1 \leqslant i \leqslant l\}, V)$ 是一个多粒度犹豫模糊决策信息系统，且 $|U| = n$。$MGHFDIS$ 的近似可分辨函数 $\underline{f}^{\mathrm{O}}$, $\overline{f}^{\mathrm{O}}$, $\underline{f}^{\mathrm{P}}$ 与 $\overline{f}^{\mathrm{P}}$ 都分别能转化为它们的析取形式

$\underline{f}^{\mathrm{O}}=\bigvee\limits_{u=1}^{u_1}\left(\bigwedge\limits_{v=1}^{v_1}\mathbb{R}_{uv1}\right)$, $\overline{f}^{\mathrm{O}}=\bigvee\limits_{u=1}^{u_2}\left(\bigwedge\limits_{v=1}^{v_2}\mathbb{R}_{uv2}\right)$, $\underline{f}^{\mathrm{P}}=\bigvee\limits_{u=1}^{u_3}\left(\bigwedge\limits_{v=1}^{v_3}\mathbb{R}_{uv3}\right)$ 与 $\overline{f}^{\mathrm{P}}=\bigvee\limits_{u=1}^{u_4}\left(\bigwedge\limits_{v=1}^{v_4}\mathbb{R}_{uv4}\right)$。从而，$\underline{B}_u^{\mathrm{O}}=\{\mathbb{R}_{uv1}|v=1,2,\cdots,v_1\}(u=1,2,\cdots,u_1)$, $\overline{B}_u^{\mathrm{O}}=\{\mathbb{R}_{uv2}|v=1,2,\cdots,v_2\}(u=1,2,\cdots,u_2)$, $\underline{B}_u^{\mathrm{P}}=\{\mathbb{R}_{uv3}|v=1,2,\cdots,v_3\}(u=1,2,\cdots,u_3)$ 与 $\overline{B}_u^{\mathrm{P}}=\{\mathbb{R}_{uv4}|v=1,2,\cdots,v_4\}(u=1,2,\cdots,u_4)$ 分别是 $MGHFDIS$ 的乐观下、上近似约简与悲观下、上近似约简。

通过定理 6.23 可以看到，多粒度犹豫模糊决策信息系统的所有近似约简都可以通过定义 6.17 中的可分辨函数得到。

**例 6.6** 我们接着例 6.5继续研究。根据定义 6.17 可得，

$$\begin{aligned}
\underline{f}^{\mathrm{O}}&=((\mathbb{R}_2\vee\mathbb{R}_3)\wedge(\mathbb{R}_2\vee\mathbb{R}_5)\wedge(\mathbb{R}_2\vee\mathbb{R}_4)\wedge\mathbb{R}_1)\wedge(\mathbb{R}_2\wedge\mathbb{R}_3\wedge\mathbb{R}_5)\\
&=\mathbb{R}_1\wedge\mathbb{R}_2\wedge\mathbb{R}_3\wedge\mathbb{R}_5\\
\overline{f}^{\mathrm{O}}&=(\mathbb{R}_1\wedge\mathbb{R}_2\wedge\mathbb{R}_3\wedge\mathbb{R}_5)\wedge((\mathbb{R}_2\vee\mathbb{R}_3)\wedge\mathbb{R}_5\wedge(\mathbb{R}_1\vee\mathbb{R}_3\vee\mathbb{R}_4)\wedge\mathbb{R}_3\wedge\mathbb{R}_1)\\
&=\mathbb{R}_1\wedge\mathbb{R}_2\wedge\mathbb{R}_3\wedge\mathbb{R}_5\\
\underline{f}^{\mathrm{P}}&=(\mathbb{R}_2\wedge\mathbb{R}_5\wedge(\mathbb{R}_3\vee\mathbb{R}_4))\wedge(\mathbb{R}_2\wedge\mathbb{R}_4\wedge\mathbb{R}_3)\\
&=\mathbb{R}_2\wedge\mathbb{R}_3\wedge\mathbb{R}_4\wedge\mathbb{R}_5\\
\overline{f}^{\mathrm{P}}&=(\mathbb{R}_5\wedge(\mathbb{R}_2\vee\mathbb{R}_3)\wedge(\mathbb{R}_3\vee\mathbb{R}_4)\wedge(\mathbb{R}_2\vee\mathbb{R}_4\vee\mathbb{R}_5)\wedge\mathbb{R}_3)\wedge(\mathbb{R}_4\wedge\mathbb{R}_5\wedge\mathbb{R}_2)\\
&=\mathbb{R}_2\wedge\mathbb{R}_3\wedge\mathbb{R}_4\wedge\mathbb{R}_5
\end{aligned}$$

因此，由定理 6.23 可知，多粒度犹豫模糊决策信息系统 $MGHFDIS$ 的乐观下、上近似约简都是 $\{\mathbb{R}_1,\mathbb{R}_2,\mathbb{R}_3,\mathbb{R}_5\}$; 多粒度犹豫模糊决策信息系统 $MGHFDIS$ 的悲观下、上近似约简都是 $\{\mathbb{R}_2,\mathbb{R}_3,\mathbb{R}_4,\mathbb{R}_5\}$。

## 6.6 广义犹豫模糊相似近似空间中多粒度犹豫模糊粗糙集的应用

本节将前面的多粒度犹豫模糊粗糙集应用到实际问题中。

一般来说，粗糙集可以用来处理所描述对象通过属性刻画的信息系统。信息系统是一个四元组 $\mathscr{I}=<U,AT,V,f>$, 其中

(1) $U$ 是一个刻画对象的非空有限集合，称作论域。

(2) $AT$ 是一个非空有限的属性集；$\forall a \in AT$, $V_a$ 是属性 $a$ 的范围。

(3) $V$ 是所有属性的范围；即 $V = V_{AT} = \bigcup\limits_{a \in AT} V_a$。

(4) $\forall x \in U, f(x,a)$ 是 $x$ 相对于 $a$ 成立的值 ( $\forall a \in AT$)。

决策系统是一个信息系统 $\mathscr{I} =< U, AT \cup d, V, f >$, 其中 $AT$ 是条件属性集，$d$ 是一个决策属性使得 $d \notin AT$。因此，$V = V_{AT} \cup V_d$。

现在，我们引进犹豫模糊信息系统和犹豫决策系统的概念。不混淆起见，犹豫模糊信息系统仍然记作 $\mathscr{I} =< U, AT, V, f >$, 其中，对任意的 $x \in U$，$a \in AT$, $f(x,a)$ 是一个犹豫模糊元，代表 [0,1] 中的一些不同值的集合。

犹豫模糊决策系统是一个犹豫模糊信息系统 $\mathscr{I} =< U, AT \cup d, V, f >$, 其中 $AT$ 与 $d$ 分别是条件属性集和决策属性集。

接下来，利用多粒度犹豫模糊粗糙集，分三步骤提出一种决策方法。

(1) 在不同的粒度环境下，在犹豫模糊决策系统中构建几种犹豫模糊容差关系。

(2) 根据定义 6.5、定义 6.7，分别得到决策属性集的乐观和悲观多粒度犹豫模糊下、上近似。

(3) 根据定义 4.9，计算犹豫模糊元关于 $x_i \in U$ 的得分函数。基于得分函数，具有不同风险偏好的决策者可以处理两类问题：一类是综合评价问题；另外一类是最优决策问题。在最优决策问题中，如果存在两个或者更多对象具有相同的得分函数，则从中任意选取一个作为最优对象。

为了验证多粒度犹豫模糊粗糙集的有效性，给出下面关于综合评价问题的例子。

**例 6.7**　假设一个公司需要评估员工的综合素质。设 $U = \{u_1, u_2, \cdots, u_6\}$ 是公司 6 个职工的集合，$AT = \{a_1, a_2, a_3, a_4\}$ 是四个条件属性的集合。对 $i = 1, 2, 3, 4$, $a_i$ 分别表示“电脑知识”“受教育程度”“外语熟悉程度”“经验”。假设公司邀请两位专家基于这四个条件属性对六位职工进行评价。由于不同的经验和知识结构，专家们基于同一个属性对所考虑的对象可能会有不同的评价。在这种情况下，关于 6 位职工的表现通过犹豫模糊决策系统见表 6.6。

在表 6.6 中, 决策属性集 $\mathbb{D} = \{d\}$ 是由两位专家给出的 $U$ 上的一个犹豫模糊集，这意味着员工的综合素质是好的。假设公司是通过下面的情形评估员工的综合素养。

(1) 情形 1: 公司通过“电脑知识”与“受教育程度”评估员工，即，

**表 6.6　一个犹豫模糊决策系统**

| $U$ | $a_1$ | $a_2$ | $a_3$ | $a_4$ | $d$ |
|---|---|---|---|---|---|
| $x_1$ | {0.3, 0.6} | {0.7, 0.8} | {0.2, 0.3} | {0.8, 0.9} | {0.5, 0.6} |
| $x_2$ | {0.4, 0.5} | {0.1, 0.2} | {0.1, 0.5} | {0.4, 0.5} | {0.6, 0.7} |
| $x_3$ | {0.2, 0.4} | {0.1, 0.3} | {0.5, 0.8} | {0.4, 0.4} | {0.7, 0.9} |
| $x_4$ | {0.8, 0.9} | {0.7, 0.8} | {0.4, 0.5} | {0.1, 0.3} | {0.6, 0.8} |
| $x_5$ | {0.1, 0.2} | {0.6, 0.9} | {0.1, 0.4} | {0.3, 0.7} | {0.2, 0.5} |
| $x_6$ | {0.1, 0.4} | {0.8, 0.8} | {0.4, 0.6} | {0.8, 0.9} | {0.4, 0.6} |

第一个粒度是 $A=\{a_1,a_2\}$。

(2) 情形 2: 公司通过“外语的熟练程度”与“经验”评估员工，即，第二个粒度是 $B=\{a_3,a_4\}$。

接下来，我们应用上面提到的决策方法分三步骤来评估员工的综合素质。

首先，发现 $x_i(i=1,2,\cdots,6)$ 与 $x_j(j=1,2,\cdots,6)$ 之间的联系，在双粒度环境下确立 $U$ 上的两个犹豫模糊相似关系。

表 6.6 的每行可看作是不同粒度环境下的犹豫模糊集，除了最后一列。记犹豫模糊集为 $\mathbb{X}_i(i=1,2,\cdots,6)$。例如，在第一个粒环境 $A$ 下，$\mathbb{X}_1=\{<a_1,\{0.3,0.6\}>,<a_2,\{0.7,0.8\}>\}$；在第二个粒环境 $B$ 下，$\mathbb{X}_1=\{<a_3,\{0.2,0.3\}>,<a_4,\{0.8,0.9\}>\}$。因此，根据定义 4.8，在这两个粒环境下计算犹豫模糊集 $\mathbb{X}_i(i=1,2,\cdots,6)$ 与 $\mathbb{X}_j(j=1,2,\cdots,6)$ 之间的相关系数 $\rho_k(\mathbb{X}_i,\mathbb{X}_j)(k=1,2)$，它表示在不同的粒环境下的相关性。因此，两个模糊相似关系记作 $\mathbb{R}_k(k=1,2)$ 可以通过相关系数 $\rho_k(\mathbb{X}_i,\mathbb{X}_j)$ 确立。设 $\mathbb{R}_k(x_i,y_j)=\rho_k(\mathbb{X}_i,\mathbb{X}_j)$。从而，在这两个粒环境下，我们可以确立两个模糊相似关系，它的表格形式分别表示为表 6.7 与表 6.8。

**表 6.7　模糊相似关系 $\mathbb{R}_1$**

| $\mathbb{R}_1$ | $x_1$ | $x_2$ | $x_3$ | $x_4$ | $x_5$ | $x_6$ |
|---|---|---|---|---|---|---|
| $x_1$ | 1.00 | 0.76 | 0.89 | 0.95 | 0.93 | 0.97 |
| $x_2$ | 0.76 | 1.00 | 0.94 | 0.92 | 0.51 | 0.59 |
| $x_3$ | 0.89 | 0.94 | 1.00 | 0.94 | 0.71 | 0.76 |
| $x_4$ | 0.95 | 0.92 | 0.94 | 1.00 | 0.79 | 0.85 |
| $x_5$ | 0.93 | 0.51 | 0.71 | 0.79 | 1.00 | 0.97 |
| $x_6$ | 0.97 | 0.59 | 0.76 | 0.85 | 0.97 | 1.00 |

**表 6.8 模糊相似关系 $\mathbb{R}_2$**

| $\mathbb{R}_2$ | $x_1$ | $x_2$ | $x_3$ | $x_4$ | $x_5$ | $x_6$ |
|---|---|---|---|---|---|---|
| $x_1$ | 1.00 | 0.91 | 0.74 | 0.65 | 0.93 | 0.97 |
| $x_2$ | 0.91 | 1.00 | 0.90 | 0.82 | 0.96 | 0.97 |
| $x_3$ | 0.74 | 0.90 | 1.00 | 0.97 | 0.81 | 0.88 |
| $x_4$ | 0.65 | 0.82 | 0.97 | 1.00 | 0.78 | 0.81 |
| $x_5$ | 0.93 | 0.96 | 0.81 | 0.78 | 1.00 | 0.95 |
| $x_6$ | 0.97 | 0.97 | 0.88 | 0.81 | 0.95 | 1.00 |

其次，根据定义 6.5，计算 $\mathbb{D}$ 的乐观多粒度犹豫模糊下、上近似。

值得注意的是，表 6.7 和表 6.8 中的模糊相似关系分别是两个模糊集，但是决策属性集 $\mathbb{D}$ 是一个犹豫模糊集。另一方面，基于 Xu 和 Xia[24] 的假设可知，模糊集可以通过重复相同的隶属度而转化为犹豫模糊集。因此，分别得到 $\mathbb{D}$ 相对于 $\mathbb{R}_1$ 与 $\mathbb{R}_2$ 的单粒度犹豫模糊下、上近似如下：

$$\begin{aligned}\underline{\mathbb{R}_1}(\mathbb{D}) = \{ &< x_1, \{0.20, 0.5\} >, < x_2, \{0.41, 0.5\} >,\\ &< x_3, \{0.29, 0.5\} >, < x_4, \{0.21, 0.5\} >,\\ &< x_5, \{0.20, 0.5\} >, < x_6, \{0.20, 0.5\} >\}\end{aligned}$$

$$\begin{aligned}\overline{\mathbb{R}_1}(\mathbb{D}) = \{ &< x_1, \{0.7, 0.90\} >, < x_2, \{0.7, 0.90\} >,\\ &< x_3, \{0.7, 0.90\} >, < x_4, \{0.7, 0.90\} >,\\ &< x_5, \{0.7, 0.79\} >, < x_6, \{0.7, 0.80\} >\}\end{aligned}$$

$$\begin{aligned}\underline{\mathbb{R}_2}(\mathbb{D}) = \{ &< x_1, \{0.20, 0.5\} >, < x_2, \{0.20, 0.5\} >,\\ &< x_3, \{0.20, 0.5\} >, < x_4, \{0.22, 0.5\} >,\\ &< x_5, \{0.20, 0.5\} >, < x_6, \{0.20, 0.5\} >\}\end{aligned}$$

$$\begin{aligned}\overline{\mathbb{R}_2}(\mathbb{D}) = \{ &< x_1, \{0.7, 0.74\} >, < x_2, \{0.7, 0.90\} >,\\ &< x_3, \{0.7, 0.90\} >, < x_4, \{0.7, 0.90\} >,\\ &< x_5, \{0.7, 0.81\} >, < x_6, \{0.7, 0.88\} >\}\end{aligned}$$

根据定理 6.4，得到 $\mathbb{D}$ 的乐观多粒度犹豫模糊下、上近似如下：

$$\underline{\mathbb{R}_1 + \mathbb{R}_2}^{O}(\mathbb{D}) = \{ < x_1, \{0.20, 0.5\} >, < x_2, \{0.41, 0.5\} >,$$

$$< x_3, \{0.29, 0.5\} >, < x_4, \{0.22, 0.5\} >,$$

$$< x_5, \{0.20, 0.5\} >, < x_6, \{0.20, 0.5\} >\}$$

$$\overline{\mathbb{R}_1 + \mathbb{R}_2}^{\mathrm{O}}(\mathbb{D}) = \{ < x_1, \{0.7, 0.74\} >, < x_2, \{0.7, 0.90\} >,$$

$$< x_3, \{0.7, 0.90\} >, < x_4, \{0.7, 0.90\} >,$$

$$< x_5, \{0.7, 0.79\} >, < x_6, \{0.7, 0.80\} >\}$$

最后，根据定义 4.9，分别计算 $x_i$ 关于 $\underline{\mathbb{R}_1 + \mathbb{R}_2}^{\mathrm{O}}(\mathbb{D})$ 与 $\overline{\mathbb{R}_1 + \mathbb{R}_2}^{\mathrm{O}}(\mathbb{D})$ 犹豫模糊元的得分函数。$x_i$ 关于 $\underline{\mathbb{R}_1 + \mathbb{R}_2}^{\mathrm{O}}(\mathbb{D})$ 犹豫模糊元的得分函数意味着，如果考虑任意一个情形，员工 $x_i$ 好的程度至少是 $s(h_{\underline{\mathbb{R}_1+\mathbb{R}_2}^{\mathrm{O}}(\mathbb{D})}(x_i))$。然而，$x_i$ 关于 $\overline{\mathbb{R}_1 + \mathbb{R}_2}^{\mathrm{O}}(\mathbb{D})$ 犹豫模糊元的得分函数意味着，如果两种情形都考虑，员工 $x_i$ 好的程度最大是 $s(h_{\overline{\mathbb{R}_1+\mathbb{R}_2}^{\mathrm{O}}(\mathbb{D})}(x_i))$。

因此，在乐观态度前提下，如果公司通过 A 或 B 评估员工综合素质时，6 位员工好的程度至少分别是 0.35、0.455、0.395、0.36、0.35、0.35。

如果公司通过 A 和 B 评估员工综合素质时，6 位员工好的最大程度分别是 0.72、0.8、0.8、0.8、0.745、0.75。

类似地，根据定理 6.8，得到 $\mathbb{D}$ 的悲观多粒度犹豫模糊下、上近似如下：

$$\underline{\mathbb{R}_1 + \mathbb{R}_2}^{\mathrm{P}}(\mathbb{D}) = \{ < x_1, \{0.20, 0.5\} >, < x_2, \{0.20, 0.5\} >,$$

$$< x_3, \{0.20, 0.5\} >, < x_4, \{0.21, 0.5\} >,$$

$$< x_5, \{0.20, 0.5\} >, < x_6, \{0.20, 0.5\} >\}$$

$$\overline{\mathbb{R}_1 + \mathbb{R}_2}^{\mathrm{P}}(\mathbb{D}) = \{ < x_1, \{0.7, 0.90\} >, < x_2, \{0.7, 0.90\} >,$$

$$< x_3, \{0.7, 0.90\} >, < x_4, \{0.7, 0.90\} >,$$

$$< x_5, \{0.7, 0.81\} >, < x_6, \{0.7, 0.88\} >\}$$

因此，在悲观态度前提下，如果公司通过 A 和 B 评估员工综合素质时，6 位员工好的程度至少分别是 0.35、0.35、0.35、0.355、0.35、0.35。

如果公司通过 A 或 B 评估员工综合素质时，6 位员工好的最大程度分别是 0.8、0.8、0.8、0.8、0.755、0.79。

在最优化决策问题中，基于多粒度犹豫模糊粗糙集，利用工作招聘问题来验证决策方法的有效性。

**例 6.8** 假设某个公司需要在某一位置招聘一位员工。设 $U=\{u_1,u_2,\cdots,u_6\}$ 是 6 个应聘者的集合，应聘者的集合 $U=\{u_1,u_2,\cdots,u_6\}$ 通过参变量集 $E=\{e_1,e_2,e_3,e_4,e_5\}$ 描绘。对 $j=1,2,3,4,5$, $e_j$ 分别表示"年龄""受教育程度""健康程度""工作经验""婚姻状况"。现在，公司安排两位专家基于这 5 个参变量对这 6 个候选人进行评估。一般来说，人们在最终决策过程中对对象的偏好有所犹豫，这使得元素在 [0, 1] 中具有多个可能值的集合的隶属度。在这种情况下，一位专家认为通过犹豫模糊关系 $\mathbb{R}_1$ 可以描述 5 个参数下的 6 个候选人的特征，其表格形式见表 6.9。同时，由于经验和世界知识的不同，另一位专家在同一参数下对考虑候选人有不同的意见。他或她认为，6 个候选人在 5 个参数下的特征由另一个犹豫模糊关系 $\mathbb{R}_2$ 表示，其表格形式见表 6.10。

**表 6.9 犹豫模糊关系 $\mathbb{R}_1$**

| $\mathbb{R}_1$ | $e_1$ | $e_2$ | $e_3$ | $e_4$ | $e_5$ |
|---|---|---|---|---|---|
| $u_1$ | $\{0.3,0.4\}$ | $\{0.7,0.8\}$ | $\{0.2,0.3\}$ | $\{0.8,0.9\}$ | $\{0.4,0.5\}$ |
| $u_2$ | $\{0.4,0.5\}$ | $\{0.1,0.2\}$ | $\{0.3,0.5\}$ | $\{0.4,0.5\}$ | $\{0.8,0.9\}$ |
| $u_3$ | $\{0.2,0.4\}$ | $\{0.1,0.3\}$ | $\{0.6,0.8\}$ | $\{0.4,0.4\}$ | $\{0.7,0.8\}$ |
| $u_4$ | $\{0.8,0.9\}$ | $\{0.7,0.8\}$ | $\{0.4,0.5\}$ | $\{0.1,0.3\}$ | $\{0.3,0.4\}$ |
| $u_5$ | $\{0.1,0.2\}$ | $\{0.5,0.7\}$ | $\{0.1,0.2\}$ | $\{0.5,0.7\}$ | $\{0.2,0.4\}$ |
| $u_6$ | $\{0.5,0.6\}$ | $\{0.6,0.9\}$ | $\{0.3,0.4\}$ | $\{0.2,0.5\}$ | $\{0.1,0.3\}$ |

**表 6.10 犹豫模糊关系 $\mathbb{R}_2$**

| $\mathbb{R}_2$ | $e_1$ | $e_2$ | $e_3$ | $e_4$ | $e_5$ |
|---|---|---|---|---|---|
| $u_1$ | $\{0.4,0.5\}$ | $\{0.8,0.9\}$ | $\{0.1,0.2\}$ | $\{0.6,0.8\}$ | $\{0.7,0.8\}$ |
| $u_2$ | $\{0.1,0.3\}$ | $\{0.2,0.3\}$ | $\{0.6,0.7\}$ | $\{0.2,0.4\}$ | $\{0.8,0.9\}$ |
| $u_3$ | $\{0.6,0.7\}$ | $\{0.3,0.4\}$ | $\{0.4,0.6\}$ | $\{0.5,0.7\}$ | $\{0.2,0.3\}$ |
| $u_4$ | $\{0.6,0.7\}$ | $\{0.5,0.6\}$ | $\{0.4,0.5\}$ | $\{0.3,0.5\}$ | $\{0.1,0.2\}$ |
| $u_5$ | $\{0.4,0.6\}$ | $\{0.6,0.7\}$ | $\{0.3,0.4\}$ | $\{0.4,0.6\}$ | $\{0.7,0.9\}$ |
| $u_6$ | $\{0.4,0.5\}$ | $\{0.6,0.8\}$ | $\{0.3,0.5\}$ | $\{0.5,0.7\}$ | $\{0.4,0.6\}$ |

为了寻找这个位置的最优候选人，决策者事先给出 $E$ 上候选人的综合素质是好的的决策目标 $\mathbb{A}$ 如下：

$$\mathbb{A} = \{ < e_1, \{0.4, 0.6\} >, < e_2, \{0.5, 0.7\} >, < e_3, \{0.7, 0.8\} >, < e_4, \{0.1, 0.2\} >, < e_5, \{0.3, 0.5\} > \}$$

根据定义 6.2, 得到 $\mathbb{A}$ 分别相对于 $\mathbb{R}_1$ 和 $\mathbb{R}_2$ 的单粒度犹豫模糊下、上近似如下：

$$\underline{\mathbb{R}_1}(\mathbb{A}) = \{ < u_1, \{0.1, 0.2\} >, < u_2, \{0.3, 0.5\} >, < u_3, \{0.3, 0.5\} >, < u_4, \{0.4, 0.6\} >, < u_5, \{0.3, 0.5\} >, < u_6, \{0.4, 0.6\} > \}$$

$$\overline{\mathbb{R}_1}(\mathbb{A}) = \{ < u_1, \{0.5, 0.7\} >, < u_2, \{0.4, 0.5\} >, < u_3, \{0.6, 0.8\} >, < u_4, \{0.5, 0.7\} >, < u_5, \{0.5, 0.7\} >, < u_6, \{0.5, 0.7\} > \}$$

$$\underline{\mathbb{R}_2}(\mathbb{A}) = \{ < u_1, \{0.2, 0.4\} >, < u_2, \{0.3, 0.5\} >, < u_3, \{0.3, 0.5\} >, < u_4, \{0.4, 0.6\} >, < u_5, \{0.3, 0.5\} >, < u_6, \{0.3, 0.5\} > \}$$

$$\overline{\mathbb{R}_2}(\mathbb{A}) = \{ < u_1, \{0.5, 0.7\} >, < u_2, \{0.6, 0.7\} >, < u_3, \{0.4, 0.6\} >, < u_4, \{0.5, 0.6\} >, < u_5, \{0.5, 0.7\} >, < u_6, \{0.5, 0.7\} > \}$$

因此，由定理 6.4，可得 $\mathbb{A}$ 的乐观多粒度犹豫模糊下、上近似如下：

$$\underline{\mathbb{R}_1 + \mathbb{R}_2}^{O}(\mathbb{A}) = \{ < u_1, \{0.2, 0.4\} >, < u_2, \{0.3, 0.5\} >, < u_3, \{0.3, 0.5\} >, < u_4, \{0.4, 0.6\} >, < u_5, \{0.3, 0.5\} >, < u_6, \{0.4, 0.6\} > \}$$

$$\overline{\mathbb{R}_1 + \mathbb{R}_2}^{O}(\mathbb{A}) = \{ < u_1, \{0.5, 0.7\} >, < u_2, \{0.4, 0.5\} >, < u_3, \{0.4, 0.6\} >, < u_4, \{0.5, 0.6\} >, < u_5, \{0.5, 0.7\} >, < u_6, \{0.5, 0.7\} > \}$$

最后，考虑两个专家的所有意见，仅计算 $u_i$ 关于 $\overline{\mathbb{R}_1+\mathbb{R}_2}^{\mathrm{O}}(\mathbb{A})$ 的犹豫模糊元的分值函数，这意味着，候选人 $u_i$ 好的最大程度是 $s(h_{\overline{\mathbb{R}_1+\mathbb{R}_2}^{\mathrm{O}}(\mathbb{A})}(u_i))$。

因此，如果决策者持乐观态度，则得出的结论是 6 个候选人好的最高程度分别为 0.6、0.45、0.5、0.55、0.6、0.6。根据最大隶属度原则，决策者将根据决策者的乐观态度，从 3 个候选对象 $u_1$、$u_5$ 和 $u_6$ 中选择一个作为最佳对象。即，三个候选 $u_1$、$u_5$ 和 $u_6$ 中的任何一个都是该职位的最佳候选人。

类似地，得到 $\mathbb{A}$ 的悲观犹豫模糊下、上近似如下：

$$\begin{aligned}\underline{\mathbb{R}_1+\mathbb{R}_2}^{\mathrm{P}}(\mathbb{A})=\{&<u_1,\{0.1,0.2\}>,<u_2,\{0.3,0.5\}>,\\&<u_3,\{0.3,0.5\}>,<u_4,\{0.4,0.6\}>,\\&<u_5,\{0.3,0.5\}>,<u_6,\{0.3,0.5\}>\}\end{aligned}$$

$$\begin{aligned}\overline{\mathbb{R}_1+\mathbb{R}_2}^{\mathrm{P}}(\mathbb{A})=\{&<u_1,\{0.5,0.7\}>,<u_2,\{0.6,0.7\}>,\\&<u_3,\{0.6,0.8\}>,<u_4,\{0.5,0.7\}>,\\&<u_5,\{0.5,0.7\}>,<u_6,\{0.5,0.7\}>\}\end{aligned}$$

因此，如果决策者持有悲观态度，则得出结论：6 个候选人好的程度分别至少是 0.15、0.4、0.4、0.5、0.4、0.4。根据最大隶属度原则，基于决策者的悲观态度将选择候选人 $u_4$ 作为最优对象。

**注记 6.7** 从以上示例中，我们发现决策结果是不同的，究其原因是决策者具有不同的风险偏好。一般来说这是合理的，因为决策者的风险偏好会直接影响最终的决策结果。

## 6.7 多粒度犹豫模糊粗糙集方法与其他现存方法的比较

比较现存的结果，本书中的模型有以下两个主要优点：

(1) 研究者研究了模糊粗糙集[72, 73, 76]。众所周知，这些模型可以处理一些决策问题，从而使用一般的数字来描述决策者的想法。但是，由于客观世界的不确定性和决策问题的复杂性，它们无法处理某些群体决策问题。例如，几位专家就元素对集合的隶属度争吵不休，不能相互妥协。一个想要分配 0.4，但是另一个倾向于分配 0.6。在这种情况下，犹豫模糊集就可以很好地解决此问题，从而融合了多粒度粗糙集理论和犹豫模糊集理论的多粒度犹豫模糊粗糙集就也可以做到这一点。因此，多粒度犹豫模糊粗糙集方法可以处理群体决策问题，而模糊粗糙集方法则不能做到这一点。

(2) 在文献 [93,94] 中，尽管研究人员提出的多粒度模糊粗糙集可以处理一些群体决策问题，并通过一般的数字来量化决策者的想法，但在犹豫的情况下，决策活动的主要特征之一应该被描述。面对这类问题时，决策者无法使用多粒度模糊粗糙集提供全面、准确和灵活的解决方案。但是，如果决策活动的基本特征用 [0, 1] 内的几个数字来描述，则可以避免这种情况。因此，多粒度犹豫模糊粗糙集可以在实际决策过程中更客观地反映决策者的犹豫程度。因此，多粒度犹豫模糊粗糙集在实际生活中处理决策问题的方法更加灵活，并且能够适应决策过程的变化。

## 6.8 本章小结

自从多粒度粗糙集诞生以来，有关基于粒计算的粗糙集理论模型已经被推广到了诸如模糊环境和直觉模糊环境等其他一些不确定性环境。本章的主要目的是把多粒度粗糙集推广到了犹豫模糊环境，利用多个犹豫模糊相似关系构建了两种不同类型的多粒度犹豫模糊粗糙集：乐观多粒度犹豫模糊粗糙集和悲观多粒度犹豫模糊粗糙集。通过分析这两种多粒度犹豫模糊粗糙集模型的性质，我们得到了多粒度粗糙集、模糊容差近似空间上的多粒度模糊粗糙集和犹豫模糊粗糙集这三种现存的多粒度粗糙集模型是多粒度犹豫模糊粗糙集模型的特殊情形的结论。同时为了研究多粒度犹豫模糊粗糙集的不确定性度量，引进了粗糙度和关于变量 $\alpha$、$\beta$ 粗糙度的概念，并且讨论了这两种粗糙度对应的一些性质。其次，基于这种多粒度犹豫模糊粗糙集，给出了一种多粒度犹豫模糊决策信息系统的近似约简方法，也通过具体的实例说明了该方法的有效性。最后，通过综合评价问题与工作招聘的实例，验证了多粒度犹豫模糊粗糙集的有效性。

# 7 结 束 语

## 7.1 总 结

本书主要在犹豫模糊环境中研究了犹豫模糊集与粗糙集的融合，并对其在多粒度环境中展开研究，对其属性约简也进行了初步探讨。主要内容具体如下：

(1) 改进文献 [57] 中的犹豫模糊粗糙集，提出了一种新的犹豫模糊粗糙集模型，并研究了这种粗糙集模型的拓扑结构，揭示了自反且传递的犹豫模糊近似空间组成的集合与犹豫模糊粗糙拓扑空间组成的集合之间存在一个一一对应。

(2) 推广犹豫模糊粗糙集至双论域情形，引进了一种双论域上的犹豫模糊粗糙集模型，并研究了双论域犹豫模糊近似空间上的犹豫模糊集的粗糙度与该模型的并、交及其合成运算。同时改进 Xu 和 Xia[27] 的决策方法，基于这种双论域的犹豫模糊粗糙集模型提出了一种新的决策方法，并考虑了它在决策问题中的应用。

(3) 利用犹豫模糊容差关系，提出了一种犹豫模糊容差粗糙集，并进一步讨论了该模型的一些性质。然后引进了在犹豫模糊容差近似空间中普通集的粗糙度和近似精度的概念，并讨论了它们的基本性质。最后，主要考虑了犹豫模糊容差粗糙集在基于犹豫模糊软集决策中的应用。

(4) 推广多粒度粗糙集至犹豫模糊环境，构建两种不同类型的多粒度犹豫模糊粗糙集：乐观多粒度犹豫模糊粗糙集和悲观多粒度犹豫模糊粗糙集。同时研究了多粒度犹豫模糊粗糙集的不确定性度量、多粒度犹豫模糊决策信息系统的近似约简方法及其应用。

## 7.2 展 望

不确定性理论的融合是不确定性理论研究中的一个重要研究方向。本书主要研究了犹豫模糊集和粗糙集的融合。在本书的研究基础上，希望以后能完成如下工作：

(1) 本书提出了一种新的犹豫模糊粗糙集模型，并研究了该模型的拓扑结构，也讨论了这种犹豫模糊粗糙集模型在双论域情形下的应用，并基于该模型提出了一种决策方法。所以，对犹豫模糊粗糙集模型的研究既有理论方面又有应用方面。接下来可以进一步研究该模型的不确定性度量与属性约简。另外，犹豫模糊集、粗糙集和软集这三种理论的融合也是个值得研究的内容。

(2) 本书在多粒度环境下，提出了多粒度对偶犹豫模糊粗糙集。虽然本书提出了多粒度对偶犹豫模糊粗糙集的理论概念，并考虑了其约简方法。目前，对这个模型缺乏数学结构方面的研究，接下来可以研究多粒度对偶犹豫模糊粗糙集的拓扑结构等理论方面的内容。

# 参考文献


[1] Zadeh L A. Fuzzy sets[J]. Information and Control, 1965, 8(3): 338-353.

[2] Atanassov T. Intuitionistic fuzzy sets[J]. Fuzzy Sets and Systems, 1986, 20(1): 87-96.

[3] Torra V. Hesitant fuzzy sets[J]. International Journal of Intelligent Systems, 2010, 25(6): 529-539.

[4] Pawlak Z. Rough sets[J]. International Journal of Computer and Information Sciences, 1982, 11(5): 341-356.

[5] Molodtsov D. Soft set theory-first results[J]. Computers and Mathematics with Applications, 1999, 37(4-5): 19-31.

[6] Xia M M, Xu Z S. Hesitant fuzzy information aggregation in decision making[J]. International Journal of Approximate Reasoning, 2011, 52(3): 395-407.

[7] Wei G W. Hesitant fuzzy prioritized operators and their application to multiple attribute decision making[J]. Knowledge-Based Systems, 2012, 31(7): 176-182.

[8] Yu D J, Ying Y W, Wei Z. Generalized hesitant fuzzy bonferroni mean and its application in multi-criteria group decision making[J]. Journal of Information and Computational Science, 2012, 9(2): 267-274.

[9] Zhu B, Xu Z S. Hesitant fuzzy bonferroni means for multi-criteria decision making[J]. Journal of the Operational Research Society, 2013, 64(12): 1831-1840.

[10] Zhu B, Xu Z S, Xia M M. Hesitant fuzzy geometric bonferroni means[J]. Information Sciences, 2012, 205(1): 72-85.

[11] Hardy G H, Littlewood J E, Pólya G. Inequalities[M]. Cambridge: Cambridge University Press, 1988.

[12] Xia M M, Xu Z S, Chen N. Some hesitant fuzzy aggregation operators with their application in group decision making[J]. Group Decision and Negotiation, 2013, 22(2): 259-279.

[13] Mesiar R, Mesiarova-Zemankova A. The ordered modular averages[J]. IEEE Transactions on Fuzzy Systems, 2011, 19(1): 42-50.

[14] Zhang Z M. Hesitant fuzzy power aggregation operators and their application to multiple attribute group decision making[J]. Information Sciences, 2013, 234(10): 150-181.

[15] Zhang Z M, Wang C, Tian D Z, et al. Induced generalized hesitant fuzzy operators and their application to multiple attribute group decision making[J]. Computers and Industrial Engineering, 2014, 67(1): 116-138.

[16] Liao H C, Xu Z S. Extended hesitant fuzzy hybrid weighted aggregation operators and their application in decision making[J]. Soft Computing, 2014, 19(9): 2551-2564.

[17] Yu D J. Some hesitant fuzzy information aggregation operators based on Einstein operational laws[J]. International Journal of Intelligent Systems, 2014, 29(4): 320-340.

[18] Tan C Q, Yi W T, Chen X H. Hesitant fuzzy hamacher aggregation operators for multicriteria decision making[J]. Applied Soft Computing, 2014, 26: 325-349.

[19] Qin J D, Liu X W, Pedrycz W. Hesitant fuzzy maclaurin symmetric mean operators and its application to multiple-attribute decision making[J]. International Journal of Fuzzy Systems, 2015, 17(4): 509-520.

[20] Qin J D, Liu X W, Pedrycz W. Frank aggregation operators and their application to hesitant fuzzy multiple attribute decision making[J]. Applied Soft Computing, 2016, 41: 428-452.

[21] Mu Z M, Zeng S Z. A novel aggregation principle for hesitant fuzzy elements[J]. Knowledge-Based Systems, 2015, 84: 134-143.

[22] Zhou W, Xu Z S. Optimal discrete fitting aggregation approach with hesitant fuzzy information[J]. Knowledge-Based Systems, 2015, 78(1): 22-33.

[23] Liao H C, Xu Z S, Xia M M. Multiplicative consistency of hesitant fuzzy preference relation and its application in group decision making[J]. International Journal of Information Technology and Decision Making, 2014, 13(1): 47-76.

[24] Xu Z S, Xia M M. Distance and similarity measures for hesitant fuzzy sets[J]. Information Sciences, 2011, 181(11): 2128-2138.

[25] Xu Z S, Xia M M. Hesitant fuzzy entropy and cross-entropy and their use in multiattribute decision-making[J]. International Journal of Intelligent Systems, 2012, 27(9): 799-822.

[26] Farhadinia B. Information measures for hesitant fuzzy sets and interval-valued hesitant fuzzy sets[J]. Information Sciences, 2013, 240(10): 129-144.

[27] Xu Z S, Xia M M. On distance and correlation measures of hesitant fuzzy information[J]. International Journal of Intelligent Systems, 2011, 26(5): 410-425.

[28] Peng D H, Gao C Y, Gao Z F. Generalized hesitant fuzzy synergetic weighted distance measures and their application to multiple criteria decision-making[J]. Applied Mathematical Modelling, 2013, 37(8): 5837-5850.

[29] Chen N, Xu Z S, Xia M M. Correlation coefficients of hesitant fuzzy sets and their applications to clustering analysis[J]. Applied Mathematical Modelling, 2013, 37(4): 2197-2211.

[30] Li D Q, Zeng W Y, Li J H. New distance and similarity measures on hesitant fuzzy sets and their applications in multiple criteria decision making[J]. Engineering Applications of Artificial Intelligence, 2015, 40: 11-16.

[31] Meng F Y, Chen X H. Correlation coefficients of hesitant fuzzy sets and their application based on fuzzy measures[J]. Cognitive Computation, 2015, 7(4): 445-463.

[32] Liao H C, Xu Z S, Zeng X J. Novel correlation coefficients between hesitant fuzzy sets and their application in decision making[J]. Knowledge-Based Systems, 2015, 82: 115-127.

[33] Hu J H, Zhang X L, Chen X H, et al. Hesitant fuzzy information measures and their applications in multi-criteria decision making[J]. International Journal of Systems Science, 2016, 47(1): 62-76.

[34] Qian G, Wang H, Feng X Q. Generalized hesitant fuzzy sets and their application in decision support system[J]. Knowledge-Based Systems, 2013, 37(4): 357-365.

[35] Zhu B, Xu Z S, Xia M M. Dual hesitant fuzzy sets[J]. Journal of Applied Mathematics, 2012, 2012(11): 2607-2645.

[36] Chen N, Xu Z S, Xia M M. Interval-valued hesitant preference relations and their applications to group decision making[J]. Knowledge-Based Systems, 2013, 37(2): 528-540.

[37] Yu D J. Triangular hesitant fuzzy set and its application to teaching quality evaluation[J]. Journal of Information and Computational Science, 2013, 10(7): 1925-1934.

[38] Rodriguez R M, Herrera F. Hesitant fuzzy linguistic term sets for decision making[J]. Fuzzy Systems IEEE Transactions, 2012, 20(1): 109-119.

[39] Farhadinia B. Correlation for dual hesitant fuzzy sets and dual interval-valued hesitant fuzzy sets[J]. International Journal of Intelligent Systems, 2014, 29(2): 184-205.

[40] Ye J. Correlation coefficient of dual hesitant fuzzy sets and its application to multiple attribute decision making[J]. Applied Mathematical Modelling, 2014, 38(2): 659-666.

[41] Chen Y F, Peng X D , Guan G H, et al. Approaches to multiple attribute decision making based on the correlation coefficient with dual hesitant fuzzy information[J]. Journal of Intelligent & Fuzzy Systems, 2014, 26(5): 2547-2556.

[42] Su Z, Xu Z S, Liu H F, et al. Distance and similarity measures for dual hesitant fuzzy sets and their applications in pattern recognition[J]. Journal of Intelligent & Fuzzy Systems, 2015, 29(2): 731-745.

[43] Tyagi S K. Correlation coefficient of dual hesitant fuzzy sets and its applications[J]. Applied Mathematical Modelling, 2015, 39(22): 7082-7092.

[44] Yu D J. Archimedean aggregation operators based on dual hesitant fuzzy set and their application to gdm[J]. International Journal of Uncertainty Fuzziness and Knowledge-Based Systems, 2015, 23(5): 761-780.

[45] Pelayo Q, Alonso P, Bustince H, et al. An entropy measure definition for finite interval-valued hesitant fuzzy sets[J]. Knowledge-Based Systems, 2015, 84: 121-133.

[46] Gitinavard H, Meysam M S, Vahdani B. A new multi-criteria weighting and ranking model for group decision-making analysis based on interval-valued hesitant fuzzy sets to selection problems[J]. Neural Computing and Applications, 2015, 27(6): 1593-1605.

[47] Meng F Y, Wang C, Chen X H, et al. Correlation coefficients of interval-valued hesitant fuzzy sets and their application based on the shapley function[J]. International Journal of Intelligent Systems, 2015, 31(1): 17-43.

[48] Rodríguez R M, Martinez L, Herrera F. A group decision making model dealing with comparative linguistic expressions based on hesitant fuzzy linguistic term sets[J]. Information Sciences, 2013, 241(12): 28-42.

[49] Wei C P, Zhao N, Tang X J. A novel linguistic group decision-making model based on extended hesitant fuzzy linguistic term sets[J]. International Journal of Uncertainty Fuzziness and Knowledge-Based Systems, 2015, 23(3): 379-398.

[50] Liao H C, Xu Z S, Zeng X J. Distance and similarity measures for hesitant fuzzy linguistic term sets and their application in multi-criteria decision making[J]. Information Sciences, 2014, 271(3): 125-142.

[51] Wang J, Wang J Q, Zhang H Y, et al. Multi-criteria decision-making based on hesitant fuzzy linguistic term sets: An outranking approach[J]. Knowledge-Based Systems, 2015, 86: 224-236.

[52] Liao H C, Xu Z S, Zeng X J, et al. Qualitative decision making with correlation coefficients of hesitant fuzzy linguistic term sets[J]. Knowledge-Based Systems, 2015, 76: 127-138.

[53] Montes R, Sánchez A M, Villar P, et al. A web tool to support decision making in the housing market using hesitant fuzzy linguistic term sets[J]. Applied Soft Computing, 2015, 35: 949-957.

[54] Lee L W, Chen S M. A new group decision making method based on likelihoodbased comparison relations of hesitant fuzzy linguistic term sets[J]. Information Sciences, 2015, 294(3): 790-795.

[55] Wang F Q, Li X H, Chen X H. Hesitant fuzzy soft set and its applications in multicriteria decision making[J]. Journal of Applied Mathematics, 2014, 2014(3): 1-10.

[56] Zhang H D, Xiong L L, Ma W Y. On interval-valued hesitant fuzzy soft sets[J]. Mathematical Problems in Engineering, 2015, 2015(3): 1-17.

[57] Yang X B, Song X N, Qi Y S, et al. Constructive and axiomatic approaches to hesitant fuzzy rough set[J]. Soft Computing, 2014, 18(6): 1067-1077.

[58] Zhang H D, Shu L, Liao S L. On interval-valued hesitant fuzzy rough approximation operators[J]. Soft Computing, 2016, 20(1): 189-209.

[59] Zhang H D, Shu L, Liao S L. Topological structures of interval-valued hesitant fuzzy rough set and its application[J]. Journal of Intelligent & Fuzzy Systems, 2016, 30(2): 1029-1043.

[60] Liu G L. Rough set theory based on two universal sets and its applications[J]. Knowledge-Based Systems, 2010, 23(2): 110-115.

[61] Shen Y H, Wang F X. Variable precision rough set model over two universes and its properties[J]. Soft Computing, 2011, 15(3): 557-567.

[62] Ma W M, Sun B Z. Probabilistic rough set over two universes and rough entropy[J]. International Journal of Approximate Reasoning, 2012, 53(4): 608-619.

[63] Sun B Z, Ma W M. Fuzzy rough set model on two different universes and its application[J]. Applied Mathematical Modelling, 2011, 35(4): 1798-1809.

[64] Yang H L, Li S G, Guo Z L, et al. Transformation of bipolar fuzzy rough set models[J]. Knowledge-Based Systems, 2012, 27(3): 60-68.

[65] Sun B Z, Ma W M, Liu Q. An approach to decision making based on intuitionistic fuzzy rough sets over two universes[J]. Journal of the Operational Research Society, 2013, 64(7): 1079-1089.

[66] Yang H L, Li S G, Wang S Y, et al. Bipolar fuzzy rough set model on two different universes and its application[J]. Knowledge-Based Systems, 2012, 35(15): 94-101.

[67] Yan R X, Zheng J G, Liu J L, et al. Research on the model of rough set over dual-universes[J]. Knowledge-Based Systems, 2010, 23(8): 817-822.

[68] Liu C H, Miao D Q, Zhang N. Graded rough set model based on two universes and its properties[J]. Knowledge-Based Systems, 2012, 33(3): 65-72.

[69] Yao Y Y, Lin T Y. Generalization of rough sets using modal logics[J]. Intelligent Automation and Soft Computing, 1996, 2(2): 103-119.

[70] Dubois D, Prade H. Rough fuzzy sets and fuzzy rough sets[J]. International Journal of General Systems, 1990, 17(2-3): 191-209.

[71] Li T J, Zhang W X. Rough fuzzy approximations on two universes of discourse[J]. Information Sciences, 2008, 178(3): 892-906.

[72] Radzikowska A M, Etienne E K. A comparative study of fuzzy rough sets[J]. Fuzzy Sets and Systems, 2002, 126(2): 137-155.

[73] Tiwari S P, Srivastava A K. Fuzzy rough sets, fuzzy preorders and fuzzy topologies[J]. Fuzzy Sets and Systems, 2013, 210(4): 63-68.

[74] Wu W Z, Yee L, Shao M W. Generalized fuzzy rough approximation operators determined by fuzzy implicators[J]. International Journal of Approximate Reasoning, 2013, 54(9): 1388-1409.

[75] Wu W Z, Mi J S, Zhang W X. Generalized fuzzy rough sets[J]. Information Sciences, 2003, 151(3): 263-282.

[76] Wu W Z, Zhang W X. Constructive and axiomatic approaches of fuzzy approximation operators[J]. Information Sciences, 2004, 159(3-4): 233-254.

[77] Cornelis C, Cock M D, Kerre E E. Intuitionistic fuzzy rough sets: At the crossroads of imperfect knowledge[J]. Expert Systems with Application, 2003, 20(5): 260-270.

[78] Samanta S K, Mondal T K. Intuitionistic fuzzy rough sets and rough intuitionistic fuzzy sets[J]. Journal of Fuzzy Mathematics, 2001, 9(3): 561-582.

[79] Zhou L, Wu W Z. On generalized intuitionistic fuzzy rough approximation operators[J]. Information Sciences, 2008, 178(11): 2448-2465.

[80] Zhou L, Wu W Z, Zhang W X. On characterization of intuitionistic fuzzy rough sets based on intuitionistic fuzzy implicators[J]. Information Sciences, 2009, 179(7): 883-898.

[81] Zhang X H, Zhou B, Li P. A general frame for intuitionistic fuzzy rough sets[J]. Information Sciences, 2012, 216(24): 34-49.

[82] Zhang H Y, Zhang W X, Wu W Z. On characterization of generalized interval-valued fuzzy rough sets on two universes of discourse[J]. International Journal of Approximate Reasoning, 2009, 51(1): 56-70.

[83] Zhang H D, Shu L. Generalized interval-valued fuzzy rough set and its application in decision making[J]. International Journal of Fuzzy Systems, 2015, 17(2): 1-13.

[84] Hu B Q, Wong H. Generalized interval-valued fuzzy rough sets based on interval-valued fuzzy logical operators[J]. International Journal of Fuzzy Systems, 2013, 15(4): 381-391.

[85] Zhang H Y. Representations of typical hesitant fuzzy rough sets[J]. Journal of Intelligent & Fuzzy Systems, 2016, 31(1): 457-468.

[86] Qian Y H, Liang J Y, Yao Y Y, et al. MGRS: A multi-granulation rough set[J]. Information Sciences, 2010, 180(6): 949-970.

[87] Qian Y H, Liang J Y, Pedrycz W, et al. An efficient accelerator for attribute reduction from incomplete data in rough set framework[J]. Pattern Recognition, 2011, 44(8): 1658-1670.

[88] Yang X B, Song X N, Dou H L, et al. Multi-granulation rough set: From crisp to fuzzy case[J]. Annals of Fuzzy Mathematics and Informatics, 2011, 1(1): 55-70.

[89] Li W T, Xu W H. Multigranulation decision-theoretic rough set in ordered information system[J]. Fundamenta Informaticae, 2015, 139: 67-89.

[90] Qian Y H, Zhang H, Sang Y L, et al. Multigranulation decision-theoretic rough sets[J]. International Journal of Approximate Reasoning, 2014, 55(1): 225-237.

[91] Xu W H, Wang Q R, Zhang X T. Multi-granulation rough sets based on tolerance relations[J]. Soft Computing, 2013, 17(7): 1241-1252.

[92] Xu W H, Sun W X, Zhang X Y. Multiple granulation rough set approach to ordered information systems[J]. International Journal of General Systems, 2012, 41(5): 1-27.

[93] Xu W H, Wang Q R, Luo S Q. Multi-granulation fuzzy rough sets[J]. Journal of Intelligent & Fuzzy Systems, 2014, 26(3): 1323-1340.

[94] Xu W H, Wang Q R, Zhang X T. Multi-granulation fuzzy rough sets in a fuzzy tolerance approximation space[J]. International Journal of Fuzzy Systems, 2011, 13(4): 246-259.

[95] Liu C H, Miao D Q, Qian J. On multi-granulation covering rough sets[J]. International Journal of Approximate Reasoning, 2014, 55(6): 1404-1418.

[96] Huang B, Guo C X, Zhuang Y L, et al. Intuitionistic fuzzy multigranulation rough sets[J]. Information Sciences, 2014, 277: 299-320.

[97] Lin G P, Qian Y H, Li J J. NMGRS: Neighborhood-based multigranulation rough sets[J]. International Journal of Approximate Reasoning, 2012, 53(7): 1080-1093.

[98] Lin G P, Liang J Y, Qian Y H. Multigranulation rough sets: From partition to covering[J]. Information Sciences, 2013, 241(12): 101-118.

[99] Feng T, Mi J S. Variable precision multigranulation decision-theoretic fuzzy rough sets[J]. Knowledge-Based Systems, 2016, 91: 93-101.

[100] Yao Y Y. Two views of the theory of rough sets in finite universes[J]. International Journal of Approximate Reasoning, 1996, 15(4): 291-317.

[101] Yao Y Y. Constructive and algebraic methods of the theory of rough sets[J]. Information Sciences, 1998, 109(1-4): 21-47.

[102] Chuchro M. A certain conception of rough sets in topological boolean algebras[J]. Estudios Constitucionales, 1993, 22(1): 529-550.

[103] Kondo M. On the structure of generalized rough sets[J]. Information Sciences, 2006, 176(5): 589-600.

[104] Lashin E F, Kozae A M, Abo Khadra A A, et al. Rough set theory for topological spaces[J]. International Journal of Approximate Reasoning, 2005, 40(1-2): 35-43.

[105] Wu Q E, Wang T, Huang Y X, et al. Topology theory on rough sets[J]. IEEE Transactions on Systems Man and Cybernetics, Part B: Cybernetics, 2008, 38(1): 68-77.

[106] Zhu W. Topological approaches to covering rough sets[J]. Information Sciences, 2007, 177(6): 1499-1508.

[107] Qin K Y, Pei Z. On the topological properties of fuzzy rough sets[J]. Fuzzy Sets and Systems, 2005, 151(3): 601-613.

[108] Wu W Z. On some mathematical structures of t-fuzzy rough set algebras in infinite universes of discourse[J]. Fundamenta Informaticae, 2011, 108(3): 337-369.

[109] Wu W Z, Zhou L. On intuitionistic fuzzy topologies based on intuitionistic fuzzy reflexive and transitive relations[J]. Soft Computing, 2011, 15(6): 1183-1194.

[110] Zhou L, Wu W Z, Zhang W X. On intuitionistic fuzzy rough sets and their topological structures[J]. International Journal of General Systems, 2009, 38(6): 589-616.

[111] Zhang Z M. On characterization of generalized interval type-2 fuzzy rough sets[J]. Information Sciences, 2013, 219(1): 124-150.

[112] Zhang Z M. On interval type-2 rough fuzzy sets[J]. Knowledge-Based Systems, 2012, 35(15): 1-13.

[113] Kuroki N. Rough ideals in semigroups[J]. Information Sciences, 1997, 100(1-4): 139-163.

[114] Mordeson J N. Rough set theory applied to (fuzzy) ideal theory[J]. Fuzzy Sets and Systems, 2001, 121(2): 315-324.

[115] Biswas R, Nanda S. Rough groups and rough subgroups[J]. Bulletin of the Polish Academy of Sciences Mathematics, 1994, 42(42): 251-254.

[116] Jiang J S, Wu C X, Chen D G. The product structure of fuzzy rough sets on a group and the rough t-fuzzy group[J]. Information Sciences, 2005, 175(1-2): 97-107.

[117] Li M, Deng S B, Feng S Z, et al. Fast assignment reduction in inconsistent incomplete decision systems[J]. 系统工程与电子技术 (英文版), 2014, 25(1): 83-94.

[118] Li M, Shang C X, Feng S Z, et al. Quick attribute reduction in inconsistent decision tables[J]. Information Sciences, 2014, 254: 155-180.

[119] Liang J Y, Mi J R, Wei W, et al. An accelerator for attribute reduction based on perspective of objects and attributes[J]. Knowledge-Based Systems, 2012, 44(1): 90-100.

[120] Meng Z Q, Shi Z Z. On quick attribute reduction in decision-theoretic rough set models[J]. Information Sciences, 2015, 330: 226-244.

[121] Sun L, Xu J C, Tian Y. Feature selection using rough entropy-based uncertainty measures in incomplete decision systems[J]. Knowledge-Based Systems, 2012, 36(6): 206-216.

[122] Teng S H, Lu M, Yang A F, et al. Efficient attribute reduction from the viewpoint of discernibility[J]. Information Sciences, 2015, 326: 297-314.

[123] Zhao S Y, Chen H, Li C P, et al. RFRR: Robust fuzzy rough reduction[J]. IEEE Transactions on Fuzzy Systems, 2013, 21(5): 825-841.

[124] Zhao S Y, Wang X Z, Chen D G, et al. Nested structure in parameterized rough reduction[J]. Information Sciences, 2013, 248(6): 130-150.

[125] Wang C Z, He Q, Chen D G, et al. A novel method for attribute reduction of covering decision systems[J]. Information Sciences, 2014, 254(5): 181-196.

[126] Ye D Y, Chen Z J, Ma S L. A novel and better fitness evaluation for rough set based minimum attribute reduction problem[J]. Information Sciences, 2013, 222(3): 413-423.

[127] Ma X A, Wang G Y, Yu H, et al. Decision region distribution preservation reduction in decision-theoretic rough set model[J]. Information Sciences, 2014, 278: 614-640.

[128] Zhang X Y, Miao D Q. Region-based quantitative and hierarchical attribute reduction in the two-category decision theoretic rough set model[J]. Knowledge-Based Systems, 2014, 71: 146-161.

[129] Liang J Y, Wang F, Dang C Y, et al. A group incremental approach to feature selection applying rough set technique[J]. IEEE Transactions on Knowledge and Data Engineering, 2014, 26(2): 294-308.

[130] Wang F, Liang J Y, Dang C Y. Attribute reduction for dynamic data sets[J]. Applied Soft Computing, 2013, 13(1): 676-689.

[131] Shao M W, Yee L. Relations between granular reduct and dominance reduct in formal contexts[J]. Knowledge-Based Systems, 2014, 65: 1-11.

[132] Chen D G, Li W L, Zhang X, et al. Evidence-theory-based numerical algorithms of attribute reduction with neighborhood-covering rough sets[J]. International Journal of Approximate Reasoning, 2014, 55(3): 908-923.

[133] Hu Q H, Yu D R, Xie Z X. Information-preserving hybrid data reduction based on fuzzy-rough techniques[J]. Pattern Recognition Letters, 2006, 27(5): 414-423.

[134] Chen H M, Li T R, Cai Y, et al. Parallel attribute reduction in dominance-based neighborhood rough set[J]. Information Sciences, 2016, 373: 351-368.

[135] Ma Y L, Yu X, Niu Y G. A parallel heuristic reduction based approach for distribution network fault diagnosis[J]. International Journal of Electrical Power and Energy Systems, 2015, 73: 548-559.

[136] Qian J, Miao D Q, Zhang Z H, et al. Parallel attribute reduction algorithms using mapreduce[J]. Information Sciences, 2014, 279: 671-690.

[137] Qian J, Ping L, Yue X D, et al. Hierarchical attribute reduction algorithms for big data using mapreduce[J]. Knowledge-Based Systems, 2015, 73: 18-31.

[138] Pawlak Z. Vagueness and uncertainty: A rough set perspective[J]. Computational Intelligence, 1995, 11(2): 227-232.

[139] Wierman M J. Measuring uncertainty in rough set theory[J]. International Journal of General Systems, 1999, 28(4-5): 283-297.

[140] Liang J Y, Chin K S, Dang C Y. A new method for measuring uncertainty and fuzziness in rough set theory[J]. International Journal of General Systems, 2002, 31(4): 331-342.

[141] Zhang Q H, Wang J, Wang G Y, et al. The approximation set of a vague set in rough approximation space[J]. Information Sciences, 2014, 300: 1-19.

[142] Liang J Y, Zhong Z S. The information entropy, rough entropy and knowledge granulation in rough set theory[J]. International Journal of Uncertainty Fuzziness and Knowledge-Based Systems, 2011, 12(1): 37-46.

[143] Zhang Q H, Xiao Y, Wang G Y. A new method for measuring fuzziness of vague set or intuitionistic fuzzy set[J]. Journal of Intelligent & Fuzzy Systems, 2013, 25(2): 505-515.

[144] Qing H H, Zhang L, Chen D G, et al. Gaussian kernel based fuzzy rough sets: Model, uncertainty measures and applications[J]. International Journal of Approximate Reasoning, 2010, 51(4): 453-471.

[145] Azam N, Yao J T. Analyzing uncertainties of probabilistic rough set regions with game-theoretic rough sets[J]. International Journal of Approximate Reasoning, 2013, 55(1): 142-155.

[146] Wang G Y, Ma X A, Yu H. Monotonic uncertainty measures for attribute reduction in probabilistic rough set model[J]. International Journal of Approximate Reasoning, 2015, 59: 41-67.

[147] Zhang Q H, Zhang Q, Wang G Y. The uncertainty of probabilistic rough sets in multi-granulation spaces[J]. International Journal of Approximate Reasoning, 2016, 77: 38-54.

[148] Wong S K M, Ziarko W. Comparison of the probabilistic approximate classification and the fuzzy set model[J]. Fuzzy Sets and Systems, 1987, 21(3): 357-362.

[149] Pawlak Z, Wong S K, Ziarko W. Rough sets: Probabilistic versus deterministic approach[J]. International Journal of Man-Machine Studies, 1988, 29(29): 81-95.

[150] Wu W Z, Yee L, Zhang W X. Connections between rough set theory and dempster-shafer theory of evidence[J]. International Journal of General Systems, 2002, 31(4): 405-430.

[151] Liao H C, Xu Z S. A VIKOR-based method for hesitant fuzzy multi-criteria decision making[J]. Fuzzy Optimization and Decision Making, 2013, 12(4): 373-392.

[152] Lowen R. Fuzzy topological spaces and fuzzy compactness[J]. Journal of Mathematical Analysis and Applications, 1976, 56(3): 621-633.

[153] Chang C L. Fuzzy topological spaces[J]. Journal of Mathematical Analysis and Applications, 1968, 24(1): 24-25.

[154] Maji P K, Biswas R, Roy A R. Fuzzy soft sets[J]. Journal of Fuzzy Mathematics, 2001, 9(3): 589-602.

[155] Cagman N, Enginoglu S. Fuzzy soft matrix theory and its application in decision making[J]. Iranian Journal of Fuzzy Systems, 2012, 9(1): 109-119.

[156] Wu W Z, Yee L, Zhang W X. On generalized rough fuzzy approximation operators[J]. Lecture Notes in Computer Science, 2006, 4100: 263-284.

[157] Babitha K V, John S J. Hesitant fuzzy soft sets[J]. Journal of New Results in Science, 2013, 3: 98-107.

[158] Feng F, Jun Y B, Liu X Y, et al. An adjustable approach to fuzzy soft set based decision making[J]. Journal of Computational and Applied Mathematics, 2010, 234(1): 10-20.